日本ビール検定

公式テキスト

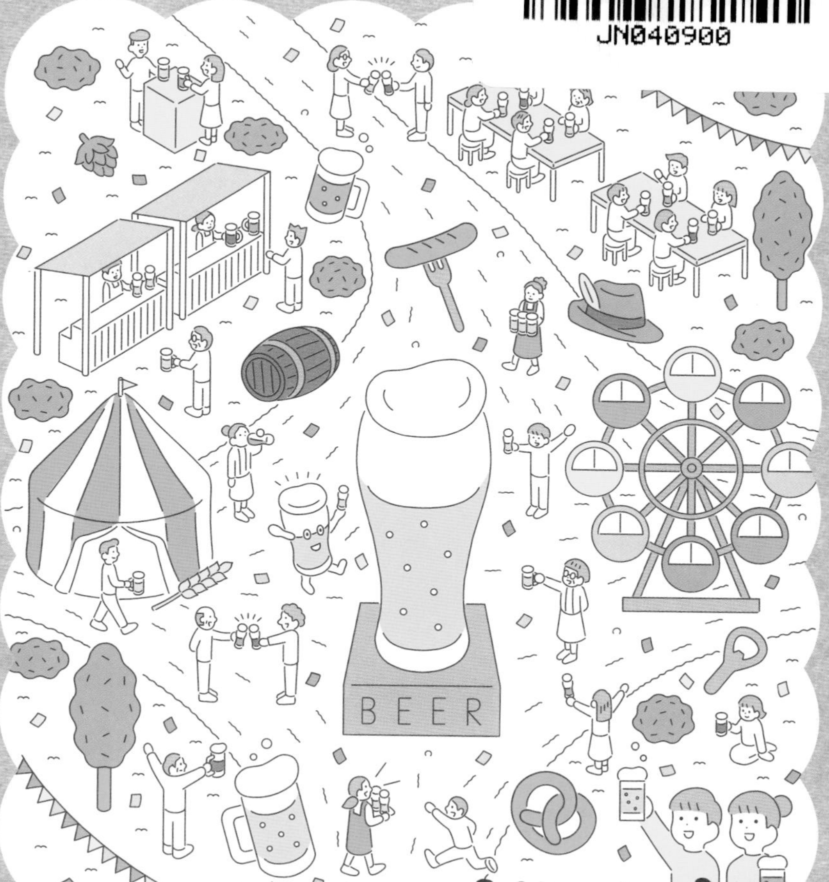

知って広がるビールの世界

一般社団法人 日本ビール文化研究会 著

本書内容に関するお問い合わせについて

このたびは翔泳社の書籍をお買い上げいただき、誠にありがとうございます。弊社では、読者の皆様からのお問い合わせに適切に対応させていただくため、以下のガイドラインへのご協力をお願い致しております。下記項目をお読みいただき、手順に従ってお問い合わせください。

●ご質問される前に

弊社Web サイトの「正誤表」をご参照ください。これまでに判明した正誤や追加情報を掲載しています。
正誤表　https://www.shoeisha.co.jp/book/errata/

●ご質問方法

弊社Web サイトの「書籍に関するお問い合わせ」をご利用ください。
書籍に関するお問い合わせ　https://www.shoeisha.co.jp/book/qa/

インターネットをご利用でない場合は、FAX または郵便にて、下記"翔泳社 愛読者サービスセンター"までお問い合わせください。電話でのご質問は、お受けしておりません。

●回答について

回答は、ご質問いただいた手段によってご返事申し上げます。ご質問の内容によっては、回答に数日ないしはそれ以上の期間を要する場合があります。

●ご質問に際してのご注意

本書の対象を超えるもの、記述個所を特定されないもの、また読者固有の環境に起因するご質問等にはお答えできませんので、予めご了承ください。

●郵便物送付先およびFAX 番号

送付先住所 〒160-0006　東京都新宿区舟町５
FAX 番号 03-5362-3818
宛先（株）翔泳社 愛読者サービスセンター

はじめに

ビールという言葉を聞いて、あなたはどんなお酒を思い浮かべますか。多くの方は、白い泡に黄金色の液体、のどごし爽やかな、あの低アルコール飲料を思い浮かべるでしょう。世界では紀元前3000年頃から存在した記録があり、日本では明治時代から広まったビールですが、今や「とりあえずビール」といわれるほど身近なお酒となりました。

一方で、ビールは多彩で奥深いお酒でもあります。視野を広げれば、ビールの色は黄金色のものだけではなく、黒色や褐色、白く濁ったものなどもあり、香りや味わい、アルコール度数も様々です。それぞれ独特の原料や製法、歴史があり、世界の各地域の食文化の一翼を担って人々の暮らしに潤いを与えています。日本でも近年のクラフトビール人気の高まりや、全国各地で開催されるビールイベントなどにより、多種多様なビールに触れる機会が増えています。

私たち一般社団法人 日本ビール文化研究会は、そんなビールの魅力をもっと多くの人に知っていただきたい、日本のビール文化をもっと盛り上げたい、との思いから2012年より「日本ビール検定（以下、ビア検）」を開催しています。ビールの基礎知識を手軽に学びたい人から専門的に勉強したい人まで、段階に応じて3級から1級に分かれた検定試験で、満20歳以上の方ならどなたでも受検することができます。

本書は、そのビア検の公式テキスト（３～１級共通）になります。ビールに関する基礎知識を体系的にわかりやすく、学べるように構成した、いわば「ビールの教科書」です。3級2級を受検される方は、本書をしっかりと学習すれば合格可能です。もちろん、広範な知識が求められる１級を受検される方にとっても、必須の内容が記されています。

本書のタイトルである「知って広がるビールの世界」はビア検のキャッチコピーです。知識がほんの少し増えるだけで、いつものビールがもっとおいしく、もっと楽しくなります。ビア検を受検される方はもちろん、ビア検を受検されない方も、本書を通じ、今まで知っているようで知らなかったビールの魅力を再発見していただければ、幸いです。

一般社団法人 日本ビール文化研究会

本書の使い方

本書はビア検（日本ビール検定）の公式テキストです。3級から1級まで試験問題はこのテキストをベースに出題されます。ただし、級によって問題の難易度は異なり、特に1級は本書に記載されていない内容も多く出題されます。一方で、ビア検を受ける予定がない方でも、ビール好きの皆様に楽しんでいただける、そして、役立つ内容が詰まっていると思います。ビア検を受ける方も、受けない方も、楽しみながら、ビールについて学んでいただければ幸いです。

ページ左右にある「側注」について

基本のキ

まずは押さえておきたい、基礎知識です。本文中に記載があるものもありますが、反復学習で知識を定着させるという狙いもあります。

知っトク

もっと詳しく知っておきたいこと、補足事項などを入れています。豆知識として人に語りたくなる内容もあると思います。

過去問

ビア検で実際に出題された問題を掲載しています。答えはページの一番下にあります。出題の形式（主に4択）や傾向を知ることができます。

ビールの世界史

5000年以上にわたるビールの歴史はヨーロッパで花開き、世界中へと広がっていきます。各地でさまざまな伝統と技術が生まれたビール。その長い道のりを紹介します。

Part 2 ビールの歴史 Chapter 4 ビールの世界史

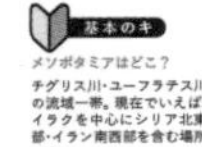

基本のキ

メソポタミアはどこ？

チグリス川・ユーフラテス川の流域一帯。現在でいえば、イラクを中心にシリア北東部・イラン南西部を含む場所です。

1. 古代

人類が初めて酒に出会ったのは、旧石器時代であると推測されています。保存していた果実や蜂蜜が偶然に発酵してできたものでしょう。一方、ビールは、農耕が始まった新石器時代以降に登場したと考えられています。

ビールの登場

紀元前8000～7000年頃、大麦、小麦、豆類、根菜類による農耕文化がメソポタミアを含む「肥沃な三日月地帯」で生まれました。

ビール醸造に関する最古の文字の記録は、紀元前3000年頃の**メソポタミアのシュメール人**たちにより、くさび形文字で粘土板に刻まれました。この記録により、**ビールの歴史は5000年**といわれるのが通説になっています。

そこに、くさび形文字で記録されている醸造方法は以下のようなものでした。

①麦を発芽させて麦芽をつくり、乾燥させてから粉にする。

②できた粉からバッピルと呼ばれるパン（ビールブレッド）を焼く。

③パンを砕き、水を加えて混ぜ合わせ、固形物を取り除く。

④残った液体が野生酵母により自然に発酵してビールができあがる。

こうしてつくられたビールには、穀皮などの不純物が多く混ざっていました。そのため、次の写真のように、麦や葦の茎をストロ

過去問

Q1：紀元前3000年頃のメソポタミアで、ビール醸造に関する最古の文字記録を残した民族を次の選択肢より選べ。（3級）

❶ゲルマン人
❷ユダヤ人
❸エジプト人
❹シュメール人

A1：❹

064

改訂のポイント

本書は前著（2022年5月改訂版）から2年ぶりの改訂版となります。主な改定のポイントは以下の3点です。

❶全ページフルカラーになり、画像やイラストが増加。

❷各ページに側注欄を設け、様々な豆知識や例題（過去問）を掲載。

❸最新データに更新。（2024年2月現在の情報に基づいています）

一状にして、不純物を避けながら甕に入ったビールを吸っていました。

当時のビールはシカルと呼ばれ、そのまま飲むだけでなく、薬草や蜂蜜を入れて薬や滋養食品としたり、神様へお供え物や賃金の現物支給にしたりしました。また、バッピルはそのまま保存できましたし、遠征時には糧食として携行し、生水の飲めない土地ではビールにして安全に飲むこともできました。

▲シュメール人がビールをストローで飲む様子（BC2600年頃の円筒印章に描かれたもの）

紀元前1800年代にシュメール人の国が滅び、その後を継いでバビロニアがこの地に栄えます。その頃は、各所に醸造所が建設され、今日のビアホールにあたる店も出現。紀元前1792年～1750年にバビロニアを統治した**ハムラビ王が発布した「ハムラビ法典」**にも、ビールにまつわる４つの条文が記されています。たとえば「ビール代は麦で受け取ること。銀で受け取ったり、ビールを少なく注いだり薄めたりしたら水責め」「尼僧がビアホールに飲みに行ったり、経営したりしたら火あぶり」など。ビールの売買は物々交換が原則であったようです。

また、紀元前7000年頃の中国河南省の陶片には、アルコール発酵飲料の痕跡が見つかっています。今後の研究次第では、最古のビールといわれるようになるかもしれません。

エジプトのビール

エジプトでもビールづくりは盛んでした。紀元前2700~2100年頃の古王国時代の墓の壁画にはシュメール人と同じく**パンを使ったビールづくり**が描かれています。

エジプトでは発酵させたパンを使うなど、独自の進化を遂げています。味つけにはルピナス、ウイキョウ、サフランなどが使われましたが、ホップはまだ登場していません。アルコール度が10%と高いビールもあったようです。商売としてのビール醸造所が全

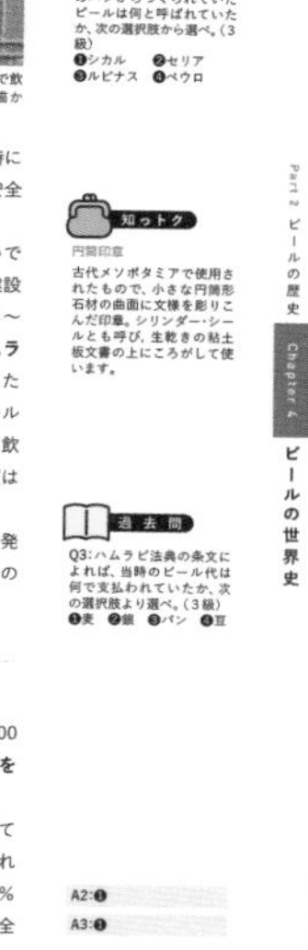

065

ビア検 学習方法（3級・2級）

３級・２級は、各級、選択式問題（４択）が100問出題されます。どちらもテキスト（本書）からの出題が中心になります。

本書を通読すれば、３級は合格することができるでしょう。２級は本書のより深い学習と理解が求められます。したがって反復学習が欠かせません。またいずれの級も、一部テキストに掲載されていない問題も出題されます。それが「雑学」で、ビールに関する話題・新商品・CMなどから出題されます。日頃からビールのニュースや売場に注目するとともに、主要ブランドの公式サイトなどもチェックしましょう。難易度の高い１級の学習方法については『日本ビール検定公式問題集』（紙書籍は公式サイトのみで販売）で触れていますので、そちらをご確認ください。

ビア検（日本ビール検定）について

ビア検とは？

原料・製法・歴史・種類・おいしく飲むための方法・豆知識など、ビールについて幅広く知りたい方から、より専門的に学びたい方まで、20歳以上の方ならどなたでも受検できます。３級から１級までに分かれた検定試験で、ビール初心者から職業としてビールに携わるプロフェッショナルの方まで幅広く受検いただいています。ビールの知識が増えると、ビールがもっとおいしく、もっと楽しくなります。ビア検は2012年に始まり、2023年までに３万７千人の方に受検いただき、累計合格者数は２万人を超えました。

試験方法

試験はCBT方式（Computer Based Testing：コンピュータ ベースド テスティング）で行われます。株式会社シー・ビー・ティ・ソリューションズが運営する全国47都道府県に約360ヶ所あるテストセンターでコンピュータを使用して検定を行います。受検日や受検会場を受検者の都合に合わせて選択することができます。※期間中1回のみ

認定証・合格者特典

合格者には合格認定証（カード型）を進呈します。その他、有料特典として、認定バッジ、認定名刺を期間限定の予約受注方式で販売します。詳細は公式サイトをご覧ください。

合格認定証　合格認定バッジ　合格認定名刺

※デザインは変更になる場合があります。

検定概要

	3級	2級	1級
出題レベル	ビール初級者向け。ビールを学ぶことで、ビールがもっと、おいしく、楽しくなります。	ビール中級者以上。酒類を扱う仕事の方やビール愛好家向け。ビアバーでの会話も弾みます。	ビール愛好者の頂点。広範で深い知識をもち、自らビール文化を発信できるビール伝道者。
試験日	毎年秋に約2か月間に渡り開催。 日程を選択いただき、期間中1回のみ受検できます。		毎年秋、1日のみ、 同時刻で開催。
試験時間	60分　※3級・2級併願は120分		
受験資格	20歳以上の方ならどなたでも受検いただけます。		2級合格資格が必要です。
出題形式	選択式（4択）×100問	選択式（4択）×100問	選択式（4択）×40問、 記述式×20問、論述×1問
合格基準	60点以上（100点満点）	70点以上（100点満点）	80点以上（100点満点）
合格発表	当日、会場で結果（スコアレポート）をお渡しします。		約1か月半後に マイページに結果掲載。
満点賞	級に関わらず100点満点を達成された方にはビール1年分を進呈します。 対象者が複数の場合は、山分けとなります。		

過去の受検者数と合格者数

	受検者数			合格者数			合格率		
	2021秋	2022秋	2023秋	2021秋	2022秋	2023秋	2021秋	2022秋	2023秋
3級	983	1,162	1,133	894	1,045	1,002	90.9%	89.9%	88.4%
2級	857	1,092	1,007	438	522	431	51.1%	47.8%	42.8%
1級	207	184	166	25	33	7	12.1%	17.9%	4.2%

ビア検（日本ビール検定）公式サイト

https://beerken.jp/

CONTENTS

CONTENTS

Part 1

ビールの基本

ビールとは

ビールは長い歴史を通して世界に広がり、
地域性や技術革新などによって多様な発展を遂げてきました。
そもそもビールとはどのようなお酒なのでしょうか。

1．ビールの分類と定義

まずは、このテキストを読み進めていく上で必要な、ビールの製法上の分類と、法律上の定義を説明していきます。

醸造

発酵作用を応用して、酒類・醤油・味噌などを製造することです。

製造方法による分類

お酒は、製造方法で次の３つに分類できます。この中で、ビールは醸造酒に該当します。

醸造酒	蒸留酒	混成酒
原料である果実や穀物を、そのまま、または糖化させた後、酵母の働きによって発酵させてつくられる酒の総称。	醸造酒を加熱して、アルコール分を蒸気にして集める「蒸留」によってつくられる。総じてアルコール度数が高い。	醸造酒や蒸留酒をベースに、植物の種子や果実を混ぜ、香りや糖分を加えた酒。または、それらを混合したもの。
ビール、ワイン、日本酒など	ウイスキー、ブランデー、焼酎など	リキュール、シェリー、梅酒など

発酵

発酵とは、微生物（乳酸菌、麹菌、酵母など）の働きによって食物が変化し、人間にとって有益に作用すること。反対に、変質により食品本来の色や味、香りなどが損なわれる場合は腐敗となります。

多様なビールと法律上の定義

日本でビールといえば、麦芽とホップを原料とした黄金色でのどごし爽やかなあの飲料を思い起こす人が多いと思います。しかし、広く世界を見渡せば、ビールの色や香り、味わい、アルコール度数、使用原料などは、非常に多種多様です。

日本では、酒税法という法律でビールが定義されていますが、

酒税法

お酒の定義や分類・税率など基本的な事項を定めたもの。また、酒税を円滑かつ確実に徴収するために納税義務者や製造免許・販売業免許の取り扱いについても定めています。2018年4月の改正により、同法におけるビールの定義そのものが変更されました。

それには収まらないビールもたくさんあります。たとえば、酒税法が定義するビールのアルコール分は「1度以上20度未満」ですが、世界には、禁酒法時代のアメリカで生まれた0.5度未満の「ニア・ビア」もあれば、アルコール分60度を超える高アルコールビールもあります。これらは日本の酒税法上はビールと呼べません。

広くビール文化を学ぶためには、視野をより広く持たなくてはなりません。

本書でのビールの定義

多種多様なビールすべてを包含できるように定義するのは極めて困難です。したがって、本書全体を通してのビールの定義は、あえて行いません。文脈によって「ビール」という単語の意味する範囲が異なることもあります。

たとえば「発泡酒とビールは……」と書けば日本の酒税法に定義された概念を示しますが、「アルコール分60度を超えるビールは……」と書けば、酒税法の定義を超えた広義の意味になります。その都度これらを詳細に解説すると煩雑になるので、本書ではあえて説明を省略している箇所もあります。これは他の用語でも同様です。

日本ビール検定（以下:ビア検）も、本書も、ビールの世界を広め、楽しむことを目的としています。学ぶ中で、ビールの定義が見方によって違うことがわかってくるでしょう。

世界一アルコール度数の高いビールは？

スコットランドの「スネークヴェノム」というビールで、度数は67.5%もあります。

2. 多様なビールが生まれる要因

ビールの種類とそのおいしさは実に多様です。これらの特徴が生まれる要因について解説していきます。

原料×製法×飲み方

ビールの色や味わい、香りにはさまざまなものがあります。これらの違いはどこから生まれてくるのでしょうか。大きく分類す

ピルスナー

スーパードライ、一番搾り、黒ラベルなど、日本の主要なビールブランドは、ビールの種類（スタイル）でいえば「ピルスナー」に該当します。一方で、広く世界を見渡せば、ピルスナー以外の多種多様なスタイルのビールが存在します。

ると３つあります。

１つ目は原料です。ビールの主原料は、麦芽、ホップ、水ですが、それ以外にも、米やコーン、フルーツやハーブなどが使われることもあります。それぞれどんな原料を使うかで出来上がるビールの特徴が変わってきます。

２つ目が製法です。仕込、発酵、熟成など、ビール製造の各工程でさまざまな手法があり、どれを採用するかでビールの香りや味わいが変わってきます。

３つ目が飲み方です。同じブランドのビールでも、飲むグラスの形状や注ぎ方、液温などによっても、香りや味の感じ方が変わってきます。さらには、合わせる料理、飲む環境、飲む時間（昼か夜か）などによっても、味わいは変わってきます。

つまり、**ビールのおいしさは「原料」「製法」「飲み方」といったさまざまな要素の掛け算**で生まれており、その組み合わせ星の数ほどあります。

過去問

Q1: お酒の製造方法による分類で、ビールはどれに該当するか。次の選択肢より選べ。（３級）
❶醸造酒
❷蒸留酒
❸混成酒
❹紹興酒

A1:❶

知って広がるビールの世界

このように、多種多様で奥深い魅力を持った**「ビールの世界」を存分に楽しむには、一定の知識が必要**になってきます。本書やビア検がその一助となれば幸いです。

本書での学習を契機に、一人でも多くの方が多彩なビールの魅力に触れ、そして、ご自身のお気に入りのビール、さらには、感動の一杯に出会っていただくことを願っています。

◀本書『知って広がるビールの世界』

▲ビア検のロゴマーク

Chapter 2 ビールの原料

「ビール」は漢字で「麦酒」と表記されますが、麦以外の原料も使用されます。何気なく味わっているビールの味の秘密を、原料から探りましょう。

1. ビールの基本となる原料

ビールの缶の原材料表示には「麦芽」「ホップ」、それに「米」や「コーン」「スターチ」などと書かれています。どの原料がどの味を担うのか、基本となる原料とその役割を押さえておきましょう。

ビールの原料の基礎知識

ビールの味や香り、色合いなどの特徴は、多くが原料と製造工程に由来しています。たとえば、黄金色の液色や香ばしい香りは、主にビールの原料の１つである麦芽に由来します。また、白い泡をつくり出す炭酸ガスやフルーティな香りは、酵母による発酵によって生まれます。そして、しまりのある苦味はホップによってもたらされます。

日本の酒税法では、ビールとは「**麦芽、ホップ、水及び麦その他の政令で定める物品を原料として発酵させたもの**」などと定められています。それではまず、「麦芽」「ホップ」「水」「その他の原料」という基本となる４つの原料について見ていきましょう。

知っトク

原材料表示

これは「サッポロ生ビール黒ラベル」の原材料表示です。いつも飲んでいるビールの表示がどうなっているか、チェックしてみましょう。

ビールをつくるための基本となる4つの原料

麦芽

麦の種子を発芽させ、高温で乾燥させたものを麦芽と呼びます。麦芽は、ビールの主原料です。麦芽のもととなる麦の品種や品質は、ビールの味や香りといった個性の形成に大切な役割を果たします。

麦芽は英語で？

malt（モルト）です。ウイスキーの原料にも使われています。

ビールの製造では、酵母による発酵で、**糖がアルコールと炭酸ガスに分解**されます。この糖は麦のデンプンに由来するものです。

麦を発芽させることにより、**デンプンを糖に分解**する酵素が生成されます。仕込工程では、この酵素の働きによって麦芽のデンプンに加え、とうもろこしや米などその他の原料のデンプンも、糖に分解します。同様に、麦の発芽によって**タンパク質をアミノ酸に分解**する酵素も生成されます。このアミノ酸は、発酵中の酵母の栄養源となります。

また、濃色や中等色などのビールの色は、麦芽の色によって大きく変わります。**焙煎によって焦げた色をつけた麦芽を加える**ことで濃い色を生み出しているのです。

ホップの高さ

ホップはつる性の植物で、栽培には巻き上がっていく支えとなる棚が必要になります。棚の高さは、日本やアメリカでは5〜6m程度、ヨーロッパでは7m程度となります。これはキリンの身長より高いです。ちなみにキリンの身長は、オスで4.7〜5.3m、メスで3.9〜4.5mとされています。

ホップ

ホップは、**つる性のアサ科の植物**で、ビールの主原料です。ビール醸造には雌株の球花と呼ばれる部位が使われます。

ホップは、ビールに独特の**苦味や香りを付与**します。ホップの産地や種類、使用する量、さらに投入のタイミングは、ビールの味に大きな影響を与えます。

水を磨く

つくりたいビールの品質に合わせて、水の硬度調整をすることを「水を磨く」といいます。

水

ビールの成分のうち、9割以上を占めるのが水です。**硬水・軟水といった水質の違い**は、ビールの特徴に影響を与えます。

したがって、求めるビールの品質に合わせた水を得るために、水の硬度などの調整をします。

その他の原料

一般的には副原料と呼ばれています。2018年4月の酒税法改正によりビールに使用できる副原料の範囲拡大と、麦芽比率の引き下げが実施されました。

副原料には、酒税法改正前から認められており、「主に**発酵助成や品質調整**を目的に使用される麦や米、とうもろこしなど」と、改正により追加された「**味つけや香りづけ**の目的で使用される果実や香味料」があります。日本の酒税法では麦芽、ホップ、水以外にビール製造に使用してよい原料は「麦その他の政令で定める物品」と表現されています。

2. 麦と麦芽

ビールの醸造になくてはならないものが麦であり、また、その麦を発芽、乾燥させたものが麦芽です。麦芽にすることによって、麦の成分を分解する酵素が生成されます。

麦の種類

麦とは大麦・小麦・ライ麦・エン麦など主にイネ科の植物の総称です。古来、人類はその種子を食用・飼料として広く栽培・利用してきました。ビールの原料となる麦は「大麦」がほとんどですが、ヴァイツェンのように「小麦」を使用する場合もあります。

大麦は穂の形から、二条大麦と六条大麦に大別されます。大麦の穂を上から見たとき、穀粒が二列に並んでいるものを二条大麦、六列のものを六条大麦と呼びます。日本も含め、多くの国の**ビール醸造では主に二条大麦が用いられます。**

この麦がビール醸造用に使用されるのは、次のような必要条件を備えているからです。

- 穀粒の大きさ、形状が均一で大粒であること。
- 穀皮が薄いこと。
- デンプン含量が多く、タンパク質含量が適正であること。
- 発芽力が均一で、しかも旺盛なこと。
- 麦芽にした際、酵素力が強いこと。
- 麦芽の糖化が容易で、エキスの発酵性がよいこと。

◀二条大麦

Q1:「モルト (Malt)」の日本語訳として最も適切なものを、次の選択肢より選べ。(3級)
❶大麦　❷醸造
❸発酵　❹麦芽

大麦の栽培はいつから？
大麦の栽培は約1万年前、イスラエル付近及びシリアからトルコ付近で始まったと言われており、これが人類の農業の起源だとされています。

ヴァイツェン
小麦麦芽を50%以上使ったドイツの伝統的なビールです。

ビール麦
日本ではふつう大麦というと六条大麦のことをいいます。二条大麦は、主にビールの原料になる品種であることから「ビール麦」とも呼ばれています。

A1:❹

知っトク

麦の粒の大きさ

一般に二条大麦は六条大麦に比べ、粒が豊満で大きく、千粒重は六条大麦30〜40g、二条大麦40〜50gになります。

過去問

Q2: 大麦の構造で、酵素が最も多く生成される部分はどこか。適切なものを、次の選択肢より選べ。(2級)
❶穀皮　❷胚
❸胚乳　❹糊粉層

A2:❹

日本のビールに使用する大麦の生産地は、ヨーロッパ、カナダ、オーストラリアなどが中心ですが、日本国内でも北海道や北関東、中国地方、九州北部などで栽培されています。

大麦の構造

下図は大麦穀粒の断面図です。穀皮は、種子の最も外側を覆っている皮のことで、仕込工程で麦汁をろ過するのに役立ちます。胚乳は、発芽のために必要な栄養分(デンプンやタンパク質)を貯蔵している組織です。糊粉層は胚乳の一部で、酵素を合成・分泌したり、発芽に必要なホルモンを伝達する役割があります。胚は生長し芽になる部分と胚盤からなります。胚盤は、酵素の合成・分泌とともに、胚乳から酵素で分解された発芽に必要な養分を吸収します。

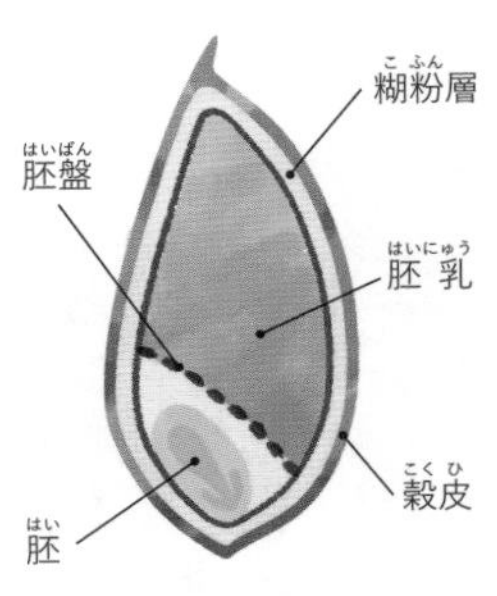

▲大麦穀粒の断面図

大麦を麦芽にする目的

見た目には、大麦と麦芽の違いはわかりづらいですが、大麦から麦芽をつくることには大きな意味があります。その主な目的は「**大麦種子中のデンプンとタンパク質を、糖とアミノ酸に分解するための酵素を生成させること**」です。

ビールは麦芽を主な原料とした醸造酒です。醸造の「醸」は「醸す」と読み、発酵を意味します。発酵とは、酵母によって糖がアルコールに変換されること。つまり、発酵によってお酒を製造するには、糖が必要なのです。しかし、大麦に蓄えられているのはデンプンです。酵母は、デンプンからアルコールをつくることはできません。それゆえ、**酵素によってデンプンを糖に分解する必要がある**のです。酵素は、主に大麦を発芽させることによって生成し、活性化されます。

活性化される酵素の中でもビール醸造において重要なのは、アミラーゼとプロテアーゼと呼ばれる酵素です。**アミラーゼはデンプンを糖に分解する酵素**であり、**プロテアーゼはタンパク質をアミノ酸に分解する酵素**です。この２種類の酵素が、ビールの製造工程の１つである仕込工程において、麦芽中のデンプンとタンパク質を、糖とアミノ酸に分解します。

副原料としてとうもろこしなどを使用する場合もあります。これらの副原料のデンプンを糖に分解するのも麦芽由来の酵素です。

また、プロテアーゼによってタンパク質から分解されたアミノ酸は、その後の発酵工程において酵母の栄養源となり、酵母を増殖させ発酵を健全に進めます。

なお、米を原料とした日本酒の場合は、麹菌の働きによって米のデンプンを糖に分解します。ワインでは、糖はブドウの中にもともと含まれています。

▲ワインは原料のブドウにもともと糖が含まれる

酵母

出芽または分裂によって増殖する菌類で, 5〜10マイクロメートルの球形またはだ円形の単細胞生物。ビール酵母・葡萄（ブドウ）酒酵母などは醸造に用いられ, パン酵母は製パン時にガスを発生させるのに利用されます。酵母は英語でイースト（yeast）です。

醸造酒の種類

「単発酵酒」「単行複発酵酒」「並行複発酵酒」の３つに分類できます。ワインのように原料のブドウにもともと含まれる糖を利用してアルコール発酵させる醸造酒を「単発酵酒」といいます。一方、ビールのように原料の麦芽中のデンプンをまず糖に変えてからアルコール発酵させる醸造酒を「単行複発酵酒」といいます。日本酒の場合は、麹を使って米に含まれるデンプンを糖化させますが、同じタイミングで酵母を加えてアルコール発酵も進めます。このように糖化と発酵を同時並行的に進行させる醸造酒は「並行複発酵酒」といいます。

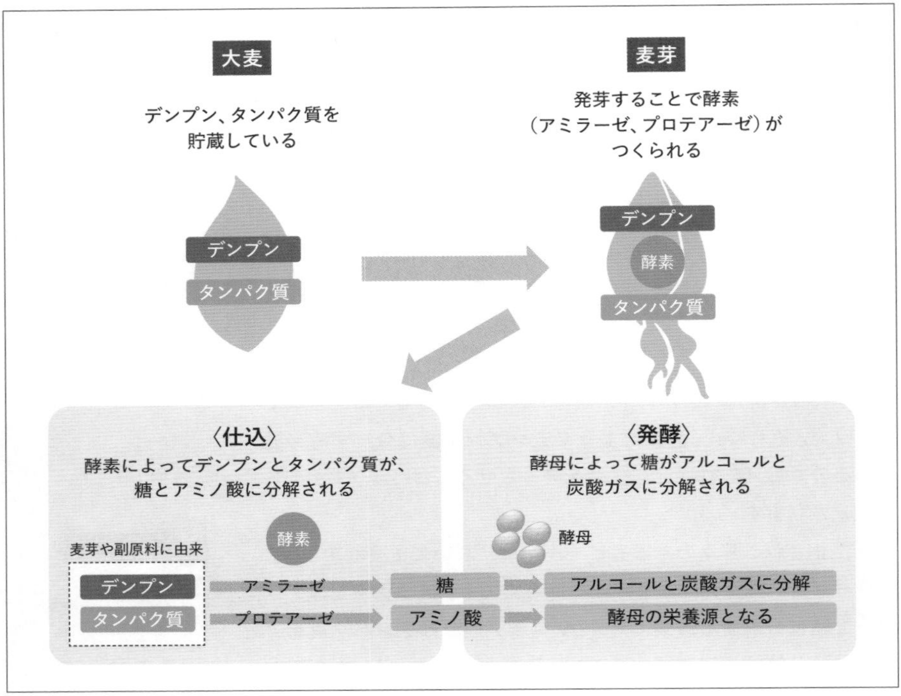

大麦

デンプン、タンパク質を
貯蔵している

デンプン
タンパク質

麦芽

発芽することで酵素
（アミラーゼ、プロテアーゼ）が
つくられる

デンプン
酵素
タンパク質

〈仕込〉
酵素によってデンプンとタンパク質が、
糖とアミノ酸に分解される

酵素

麦芽や副原料に由来

デンプン → アミラーゼ → 糖
タンパク質 → プロテアーゼ → アミノ酸

〈発酵〉
酵母によって糖がアルコールと
炭酸ガスに分解される

酵母

糖 → アルコールと炭酸ガスに分解
アミノ酸 → 酵母の栄養源となる

大麦の生産地

製麦
大麦を発芽させ、乾燥させることにより麦芽をつくる工程のことを「製麦」といいます。

世界各地で生産されている大麦。大麦はビールだけでなくウイスキーや焼酎などのお酒や、麦ご飯や麦茶、味噌などにもなります。また家畜の飼料にもなります。

ビール大麦は、製麦工程を経た「麦芽」として輸入されるのが一般的です。2022年の財務省貿易統計によると日本に輸入された麦芽の数量は、合計で約49万トン。産地の内訳は、英国及びEUが約23万トン強、カナダが約11万トン、オーストラリアが約8万トンであり、この３地域で輸入量のほとんどを占めます。

一方、国産ビール大麦は輸入麦芽の１割に満たない量ですが、北海道、栃木県、群馬県、埼玉県、岡山県、福岡県、佐賀県などで生産されています。

醸造用の大麦は、その用途や生産地に合わせて、品種改良が進んでいます。ここで世界のビール大麦の主要な品種を見てみましょう。

「麦」は英語で？

日本語では、大麦・小麦・ライ麦・エン麦などを総称して、「麦」といいます。しかし、英語には「麦」に相当する総称は存在せず、大麦であればbarley、小麦であればwheatという単語が用いられます。

大麦の栽培

日本の大麦は、北海道は春まきで、本州以西は秋まきで栽培されます。

秋まきの大麦は、11月頃に種まきを行います。発芽後、2か月程度経過し、葉が数枚になった頃から「麦踏(むぎふみ)」を行います。その昔は生産者が家族総動員で「足で踏みつけ」ていましたが、現在では大麦畑にローラーをかけて、根元を地面に押しつけています。回数は、春先までに2～3回ほどです。麦踏は、大麦が強く元気に育つために必要とされる作業で、厳しい寒さに耐える力をつけることと、茎数を増やしてたくさん収穫することを目的にしています。

穂が出始めるのは4月。その後、穂の粒は大きく成長し、穂も緑色から黄金色に変わっていきます。一般的には穂が出てから40～50日後に収穫適期となります。

日本の夏の季語に「麦秋(ばくしゅう)」があります。大麦が6月に収穫の季節を迎えるため、このように呼ばれています。「麦秋や　子を負いながら　いわし売り」。この江戸時代後期の俳人・小林一茶の句の季語は、秋ではなく初夏になります。

「麦秋や　子を負いながら
いわし売り」

小林一茶のこの句は、あたり一面、黄金色に染まった麦畑の道を、いわし売りの行商をしている女性が赤ちゃんをおんぶしながら歩いている様子を詠んだものです。季語は「麦秋」で、季節は秋ではなく大麦の収穫時期にあたる初夏になります。

Q3: 大麦の栽培に関して、誤っているものを次の選択肢より選べ。（2級）

❶用途や生産地に合わせて、品種改良が進んでいる。
❷一般的には穂が出てから40～50日後に収穫適期となる。
❸穂の色が緑色のうちに収穫する。
❹麦踏は、大麦が強く元気に育つための作業である

A3: ❸

サッポロビール試験農場での作業風景（群馬県）

①種まきした後、土を薄くかける

②発芽して2週間ほどの大麦

③ローラーにかけて、根元を地面に押しつける「麦踏」の作業

④畑が黄金色に染まり、収穫する

一方、海外での大麦栽培は、規模の面で日本と大きく異なります。たとえば、カナダにおける大麦畑は0.5マイル四方（約800メートル四方）が１つの単位となっており、極めて大規模です。使用するコンバインなどの農業機械も大型で、少人数で生産効率の良い栽培を行っています。

栽培方法の面でも違いがあり、たとえば麦踏は海外では行われていません。

大規模な大麦収穫の様子（イギリス）

▲収穫

▲脱穀

3. ホップ

仕込の煮沸工程で添加されるホップは「ビールの魂」ともいわれ、ビール独特の苦味や香りを出すビールづくりに欠かせない原料です。使用する種類だけでなく、使用量や煮沸工程で添加するタイミングも、ビールの味や香りに大きく影響します。

ホップとは

ホップはアサ科カラハナソウ属のつる性の多年生植物の一種です。日本の産地の1つである北海道では、5月初めに芽を出して、時計回りにつるを巻きつけながら上方に伸び、収穫期である8～9月には7mほどの長さにまで成長します。

ホップは、雄株と雌株が別々の植物です。ビール醸造では**未受精の雌株の果実**を使います。この果実は「松かさ」に似た球状の形態をとることから「球花（きゅうか）」と呼ばれます。球花は「球果」と表記されますが、「毬果」「毬花」などのいくつかの表記も使用されています。本書では「球花」と表記します。

ビール特有の苦味や香りを与える樹脂や精油は、この球花の中にあるルプリンと呼ばれる器官に由来します。ルプリンは球花の成熟とともに、1枚1枚の**苞（ほう）のつけ根に黄色い粒として確認できる**ようになります。

▲ホップの断面

ホップの加工

収穫されたホップの球花は、以前はそのまま乾燥されプレスした状態でビール醸造に使われていました。しかし、輸送の際にかさばることや保存中に苦味成分の損失があることなどから、現在では乾燥後に粉砕され、**ペレット状に加工**して使われることが多くなっています。

知っトク

ホップの効能

ホップには、苦味や香り以外に催眠鎮静作用や利尿作用、食欲増進、消化促進作用があるといわれ、薬理作用についても研究されています。

ルプリン

ホップのルプリンに含まれる樹脂が苦味の元に、精油（エッセンシャルオイル）が香りの元になっています。この苦味と香りがホップの種類（品種）や産地により異なるので、どのホップを選び、どんな使い方をするかで、その特徴を活かしたビールが生まれるのです。

加工に際してはルプリン粒をふるい分けて、ルプリンを多く含んだ濃縮ホップペレットにすることもあります。また、ルプリンの苦味質などの成分を抽出して、ペースト状の「ホップエキス」と呼ばれる製品に加工されることもあります。

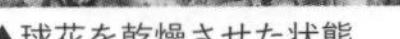

▲球花を乾燥させた状態

▲輸送しやすい「ペレット」

ホップの役割

ホップは、ビール特有の爽快な苦味と香りを出すのに欠かせない原料です。ホップに含まれるアルファ酸が煮沸されることによりイソアルファ酸に異性化され、苦味を持つようになります。アルファ酸の状態ではそれほど水に溶けませんが、イソアルファ酸に変化することにより溶解度が高まり、ビールに特有の爽快な苦味をもたらします。

ホップは、苦味と香りを与える他にもビール品質に大きな影響を及ぼします。イソアルファ酸は、麦芽由来のタンパク質とともに**ビールの泡の形成や泡持ちにも影響**する重要な成分です。また、ホップの成分には抗菌作用もあり、雑菌の繁殖を抑制する働きがあります。さらに、ホップに含まれるポリフェノールには、麦芽由来のタンパク質と結合して沈殿することで、**ビールを清澄化する働き**もあります。これは、ビールの混濁につながる可能性のある過剰なタンパク質を除去するための重要な働きです。

知っトク

イソアルファ酸の認知機能改善効果

キリンホールディングス株式会社は、2017年に東京大学と共同で、イソアルファ酸のアルツハイマー病予防効果を解明、さらに2018年には東京大学、神戸大学との共同研究等で、イソアルファ酸及び「熟成ホップ由来苦味酸」の認知機能改善効果を解明したと発表しています。

ホップの区分

日本では醸造評価に基づき、ホップはファインアロマホップ、アロマホップ、ビターホップの大きく3つに分けられます。

区分	特徴	代表的品種（産地）
ファイン アロマホップ	香りは、アロマやビターに比べて穏やか。ビールになってからの苦味も穏やかで上品	ザーツ（チェコ） テトナング（ドイツ）
アロマホップ	香りは、ファインアロマに比べて強い傾向	ハラタウトラディション（ドイツ） ペルレ（ドイツ） シトラ（アメリカ） カスケード（アメリカ） ケントゴールディングス（イギリス）
ビターホップ（高アルファ酸ホップ）	ファインアロマやアロマが香りを重視しているのに対し、苦味の含有量が多いタイプの品種	マグナム（ドイツ） ヘラクレス（ドイツ） ナゲット（アメリカ） コロンバス（アメリカ）

※2018年から、国際的な商取引においては「ファインアロマホップ」の分類は使われなくなりましたが、慣例的に「ファインアロマホップ」を表示する場合もあります。

ホップ畑の羊

ニュージーランドでは、羊をホップ畑に放ち、除草作業をさせているところがあります。羊たちは雑草や、ホップのつるの下部についている葉を食べることで害虫の発生原因を取り除く役割を果たします。

ホップの生産地

ホップの生産量が最も多い国はドイツとアメリカで、次いでチェコ、中国が続きます。世界的な名産地として、ドイツ南東部のハラタウ地方、南西部のテトナング地方、チェコ北西部のザーツ地方があります。アメリカのワシントン州なども主要な産地です。

ホップを収穫するときは、つるを切り落として摘果選別場へ運搬したのち摘果機で処理し、球花のみを選別します。一般的には、収穫された生の球花は、水分含量10％以下まで乾燥させてから、ビール原料として加工されます。１ヘクタールのホップ畑から生産されるホップ（乾燥球花）は平均で約２トンです。

2022年の財務省貿易統計によると日本に輸入されたホップ（粉状またはペレット）の輸入量は、合計で4,135トン。産地の内訳は、ドイツから2,632トン、チェコから1,002トン、アメリカから428トンです。

一方、大手ビールメーカーと契約する国内のホップ生産者の栽培戸数は、2022年で96戸。北海道、青森県、岩手県、秋田県、山形県で生産されています。生産量で一番多いのが岩手県で79トン、次いで秋田県47トン、山形県20トンです（全国ホップ連合会調べ）。

ビールの里プロジェクト

ホップ栽培面積日本一を誇る岩手県遠野市が取り組んでいるプロジェクトです。持続可能な日本産ホップ栽培によって地域を活性化し、ホップの魅力を活用しながら官民一体となって未来のまちづくりに挑戦するもので、新規就農者の募集や、醸造所の立ち上げ、ビアツーリズムの開催などの活動が行われています。

知っトク

ホップの花言葉

ホップの花言葉は「不公平」です。ビールの原料になるのは雌株だけで、雄株は不必要なものとされていることがその由来です。一方、「希望」「天真爛漫」というポジティブな花言葉もあります。hope（希望）と発音が似ているから、ビールを飲むと爽やかで楽しい気持ちになるからなど諸説あります。

ホップ畑の暦（北海道の場合）

5月下旬

新芽のつるの中から今後成長させるつるを選び、吊り糸に巻きつける。

6月中旬

成長し、伸びたつるが棚のてっぺんに到達する。

7月

ホップの花が咲き始める。ホップには雄株と、毛花(けばな)を咲かせる雌株があるが、ビール醸造用に栽培するのは雌株だけです。受精させないよう雄株は栽培しない。

8月

毛花が成長し、球花が形成される。

8～9月

つるごと切り落として収穫する。

収穫されたホップ。収穫後は、香りや成分が失われないように、すぐに乾燥、粉砕しペレットに加工する。

主なホップの品種と特徴

近年は、ビールに使用するホップの品種名を商品名にしたり公表したりすることが増えました。ホップ品種はビールの香りや味を左右する重要な要素の１つです。主な品種とその特徴をまとめました。

品種名	原産国	特徴
ザーツ（チェコ語でジャテツ）	チェコ	チェコの代表品種。ピルスナーで多用される。苦味、香りともに穏やかで上品。
ハラタウトラディション	ドイツ	ドイツの代表品種の１つ。フローラルでスパイシーな香りとマイルドな苦味。
ケントゴールディングス	イギリス	イギリスの伝統的なアロマホップ。イングランドのケント地方に起源をもつ。
カスケード	アメリカ	アメリカの代表品種。アメリカのクラフトビールの立役者。柑橘系の爽やかな香り。
シトラ	アメリカ	グレープフルーツ、ライチ、パッションフルーツ等の強い柑橘系の香りが特徴。
モザイク	アメリカ	ワシントン州ヤキマ渓谷生まれ 。柑橘、パッションフルーツ、ハーブなど複雑な香り。
ギャラクシー	オーストラリア	パッションフルーツと柑橘系が合わさったような香り。
ネルソン・ソー ヴィン	ニュージーランド	白ワインのソーヴィニヨン・ブランを思わせる草原のような香り。
ソラチエース	日本	北海道空知郡生まれ。杉やヒノキ、レモングラスのような香り。

▲ドイツのホップ収穫の様子

「ソラチエース」逆輸入ヒット

「ソラチエース」は1984年にサッポロビールが北海道空知郡上富良野町で開発したホップ品種。杉やヒノキ、レモングラスのような香りが特徴。しかし、開発当初は個性が強すぎて、このホップを使ったビールの商品化はされませんでした。その後、アメリカでソラチエースを使ったビールが人気となり、その人気を逆輸入する形で2019年、サッポロビールが日本で商品化したのが「SORACHI 1984」です。

▲SORACHI 1984

4.醸造用水

ビールの成分の9割以上は水です。ビール醸造に使用する水は「醸造用水」と呼ばれます。硬水・軟水といった硬度の違いは、ビールの品質に直結し、それぞれのビールの特徴に影響を与えます。

過去問

Q4:水の硬度などを調整し、ビールの醸造用水にすることを何というか、次の選択肢より選べ。(3級)
❶水を磨く
❷水を絞る
❸水を叩く
❹水を落とす

水の大切さと水を磨く理由

麦芽の製造、麦汁の製造、設備や容器類の洗浄、ボイラー用、冷却用など、ビール製造では多量の水を使います。ビール1lを製造するために、およそ5～10lの水が使用されています。

ビールの成分の中でも、**9割以上を水が占めています**ので、水の性質はビールのできあがりを大きく左右します。ビール醸造に用いる水は醸造用水と呼ばれます。ビール工場では、飲用できる水であっても、ミネラル分などを調整した醸造用水にします。この作業を「水を磨く」といいます。ビールのタイプによって求められる水質は異なるので、水を磨く作業により、そのビールに適した醸造用水にします。

過去問

Q5:ビール産地のうち、ミュンヘン(ドイツ)より硬水の産地を、次の選択肢より選べ。(2級)
❶ドルトムント(ドイツ)
❷札幌(日本)
❸ピルゼン(チェコ)
❹ミルウォーキー(アメリカ)

水の硬度とビールの種類

水の硬度とは、水に含まれる**カルシウムとマグネシウムの総濃度**を示したものであり、水の一定容積中に含まれるCaO(酸化カルシウム)または$CaCO_3$(炭酸カルシウム)の量に換算して表したものです。硬度が低い水を軟水、高い水を硬水といいます。

ビール醸造では、ドイツ硬度(単位:° dH[デーハー])が使われ、水100ml中にCaOを1mg含むとき、その水の硬度は1°dH といいます。

一般に濃色ビールには硬水が適し、日本のような淡色ビールには硬度の低い軟水が適しているといわれています。ビールの種類に合わせて、水の硬度を調整する場合もあります。

硬度と硬水・軟水の関係をまとめると、次の通りです。

A4:❶

A5:❶

ドイツ硬度 (°dH)	塩類濃度 (mg/l)	水質	有名なビール産地
0～4	0～70	非常に軟水	ピルゼン（チェコ）
4～8	70～140	軟水	ミルウォーキー（アメリカ）
8～12	140～210	普通	—
12～18	210～320	やや硬水	ミュンヘン（ドイツ）
18～30	320～530	硬水	—
30以上	530以上	非常に硬水	ドルトムント（ドイツ） ウィーン（オーストリア） バートン・オン・トレント（イギリス）

ミュンヘン・サッポロ・ミルウォーキー

1958年サッポロビールの広告コピー。世界のビールの名産地を北緯45度に重ねたフレーズは説得力があり、好評を得ました。

BEER COLUMN

水質の違いから誕生したピルスナー

ピルスナーの誕生は、ビールの品質に水が大きく影響を与えていることを示す有名な例です。

1842年、チェコのピルゼン（チェコ語でプルゼニュ）でビールの品質を良くするために、ドイツ・ミュンヘンから技術者ヨーゼフ・グロルを呼び、新たなビールをつくらせました。誰もがミュンヘン独特の濃い色のビールができあがることを期待していたのですが、完成したビールは黄金色でした。それがピルスナーの元祖「ピルスナー・ウルケル」です。

ではなぜ、ピルゼンではミュンヘンと同じビールができなかったのでしょうか。それは、ミュンヘンの水が硬水であったのに対し、**ピルゼンは軟水であったことに起因**します。ミュンヘンの硬水は、重炭酸イオンを多く含むため、麦芽の穀皮からタンニンなどを多く溶け出させます。また、麦汁の煮沸工程においても、アミノ酸と糖とのメイラード反応を促進し麦汁の色を濃くするのです。一方、軟水では、この影響は小さくなります。

また、1825年に英国が輸出を解禁した新式の熱風乾燥設備により、焦げ色のつかない淡色麦芽を使用できたことも、黄金色を生む大きな要因でした。

5. その他の原料

酒税法で「麦その他の政令で定める物品」と表現されるものは、主に麦や米、とうもろこしといった穀物です。これらは、副原料と呼ばれます。副原料は発酵助成や品質調整の目的で使用されます。

副原料の範囲拡大

2018年の酒税法改正でビールの副原料の範囲が拡大され、新たに「果実」や「コリアンダー等の香味料」が追加され、ビールの原料として使用できるようになりました。

副原料を使う理由

日本を含めて世界各国では、麦芽の他にデンプン質の副原料が使われています。

日本の酒税法では、麦芽以外でビールの製造に使用できる原料が定められています。また、**ビールに使用可能な副原料の量は、ホップ及び水以外の全原料の重量の半分まで**とも定められています。**ただし副原料のうち果実及び香味料の使用は麦芽の重量の5%以内**と定められています。この比率を超える副原料を使用すると、ビールではなく発泡酒に分類されます。

副原料を使用する主な目的は、**発酵助成や品質調整、香りづけや味つけ**です。麦や米、とうもろこしなどを使用することで、発酵に必要なデンプンを補う他、すっきりとした味をつくり出すことができます。また果実や一定の香味料を使用することで、ベルジャンホワイトやハーブスパイスビール、フルーツビールのような特色のある**ビールをつくることができます。その他の目的としては、ビールのろ過性の向上、物理的耐久性の向上、貯酒期間の短縮など**もあげられます。

主な副原料の種類

麦

副原料に使用される麦はほとんどが大麦です。その他、小麦やライ麦などが使用されることもあります。

米

米はデンプン含有量が多く、日本では古くからデンプン補充原料として使われています。

Q7: 日本の酒税法でビールの着色料として使用が認められているものを、次の選択肢より選べ。(3級)
❶食用黄色5号
❷ウコン色素
❸カラメル
❹クチナシ色素

とうもろこし

とうもろこしは胚に油脂含有量が多いので、胚を分離して胚乳のみを粗粉(あらこ)(コーングリッツ)、またはフレークにして使用しています。また、とうもろこしから精製されたデンプンであるコーンスターチも使用されます。

デンプン

Q8: 2018年の酒税法改正後に追加されたビールの副原料に該当するものを、次の選択肢より選べ。(3級)
❶果実
❷とうもろこし
❸こうりゃん
❹米

ばれいしょ(じゃがいも)デンプンやコーンスターチが使用されます。味をすっきりさせたり、香味を調整したりする役割を果たします。

着色料

ビールに使用できる着色料は、**カラメル**です。カラメルはデンプンからつくられた糖を加熱してつくられる加工食品です。同様の成分は「カラメル麦芽」にも含まれ、ビールに独特な色と味、香りを付与します。

果実及び香味料

2018年4月より「**果実又はコリアンダーその他の財務省令で定める香味料**」が追加されました。その他の財務省令で定める香味料には、香辛料(こしょう、さんしょう、シナモン等)、ハーブ(カモミール、バジル等)、野菜、そば、ごま、蜂蜜、食塩、みそ、茶、コーヒー、ココア、かき、こんぶ、かつお節などさまざまなものがあり、特徴を持ったビールが製造できるようになりました。

A7:❸

A8:❶

6.酵母

酵母は、酒税法のビールの定義では原料には該当しません。なぜなら、原料として規定されておらず、かつ消費される性質のものではないからです。ただし、酵母は発酵によりアルコールと炭酸ガスを生成させ、製造上では大事な役目を果たしています。

知っトク

発酵は神秘の力

1876年にフランスの微生物学者・パスツールが酵母の働きを解明。それまでは、発酵は人々にとって神秘的なものであり、近代になるまで「上手にビールができるのは神の恵み」といわれてきました。

酵母と発酵

酵母とは、ビールなどの酒類や他の発酵食品をつくるのに利用される微生物です。ビール酵母は主に酵母の中のサッカロマイセス属に分類され、形は球形からだ円形で、大きさは5～10マイクロメートル（1マイクロメートルは1,000分の1mm）です。

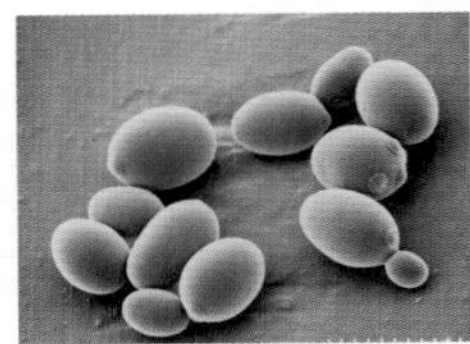
▲ビール酵母の拡大写真

酵母は、糖を分解することでエネルギーを得ています。酸素があるときには、呼吸によって糖を炭酸ガスと水に分解します。一方、酸素がない場合には発酵によって糖を炭酸ガスとアルコールに分解します。

酵母の種類によって呼吸性の強いものと発酵性の強いものがあり、ビール酵母は発酵性の強い酵母です。一方、呼吸性の強い酵母にはパン酵母などがあります。また、酵母が増殖するためには、アミノ酸も必要です。アミノ酸は酵母の細胞内で別の成分につくり変えられますが、その際にビールの味や香りに影響を与える成分もつくられます。このような成分を発酵の副産物と呼びます。

酵母によって糖の分解や発酵の副産物の生成に違いがあり、それらがビールの味や香りの特徴を変化させます。華やかな香りを醸し出す酵母、味にふくらみを与える酵母、キレの良い後味を特徴とする酵母など、さまざまなものがあります。酵母選びはビールの品質を決める大切なポイントとなります。

発酵とは、酵母がブドウ糖や麦芽糖などの糖を食べて、炭酸ガス（二酸化炭素）とアルコール（エタノール）を生成する現象です。

化学反応式で表すと、

$$C_6H_{12}O_6 \rightarrow 2C_2H_5OH + 2CO_2$$

となります。

酵母の種類

ビール酵母と野生酵母

ビール酵母とは、ビール醸造に有用な酵母であり、ビール醸造の長い歴史の中で繰り返し使われているうちに、ビール醸造に適した性質が備わったものです。一方、野生酵母とは空気中や土中などあらゆるところに存在する酵母ですが、ビール醸造の現場に存在することは基本的には許されません。

ただし、ベルギーのランビックのように野生酵母を使用してつくる自然発酵のビールもあります。

ブレット

ブレタノマイセス属の野生酵母のこと。ベルギーのランビックもこの酵母を使用してつくられます。現代クラフトビールにおいても、この酵母を使用した「ブレットビール」が登場しており、その個性的な香りはしばしば「ファンキー」という言葉で表現されています。

上面発酵酵母と下面発酵酵母

野生酵母を使用してつくる一部のビールを除き、大多数のビールは上面発酵酵母か下面発酵酵母のどちらかでつくられます。ちなみに、**上面発酵でつくられるビールは「エール」、下面発酵でつくられるビールは「ラガー」**と呼ばれます。

上面発酵酵母と下面発酵酵母の一般的な特徴の違いは以下の通りです。上面発酵酵母は15～25℃で発酵し、発酵の際に発生する炭酸ガスの泡とともに表面に浮かび上がります。それに対し、下面発酵酵母は約10℃で発酵し、表面には浮かばず、発酵後期に凝集して底に沈殿します。また、上面発酵酵母は発酵期間が3～5日と短く、熟成・貯酒(後発酵)の期間も短いのですが、下面発酵酵母は発酵、後発酵ともに上面発酵酵母に比べて長い期間が必要です。

凝集性酵母と浮遊性酵母

凝集性酵母とは、発酵工程の中盤以降で多くの酵母が集合する、いわゆる凝集する性質の強い酵母のことです。浮遊性酵母とは、凝集性酵母とは反対に、酵母の集合性が弱く、長く液体中に浮遊

過去問

Q9: 上面発酵酵母と下面発酵酵母の一般的な特徴として、誤っているものを次の選択肢より選べ。（3級）
❶エールは上面発酵酵母を使用し、ラガーは下面発酵酵母を使用する
❷上面発酵酵母は凝集性酵母で、下面発酵酵母は浮遊性酵母である
❸発酵温度は、上面発酵酵母より下面発酵酵母の方が低い
❹発酵期間、貯酒期間は下面発酵より上面発酵の方が短い

する酵母のことです。一般的に**下面発酵酵母は凝集性酵母**で、**上面発酵酵母は浮遊性酵母**です。

ラガーとエールの違いは次の通りです。なお、一般的な特徴の違いであり例外もあります。

	ラガー	エール
酵母の種類	下面発酵酵母	上面発酵酵母
酵母の特徴	**凝集性酵母**	**浮遊性酵母**
味わいの特徴	爽快で飲みやすい	豊かな味わいと香り
発酵温度	10°C前後	15〜25°C
発酵期間	1週間〜10日程	3〜5日
貯酒期間	約1か月	ラガーより短い
ビアスタイル例	ピルスナー、シュヴァルツ、ミュンヘナーヘレスなど ▲エチゴビールピルスナー	ペールエール、スタウト、ヴァイツェンなど ▲よなよなエール

A9:❷

Chapter 3 ビールの製造工程

「麦芽」「ホップ」「水」などの原料から、
どのようにしてビールはつくられるのでしょうか？
製造工程に沿って、見ていきましょう。

1. 主な製造工程

ビールは発酵によってつくられる醸造酒です。いかにおいしいビールをつくるか、古来多くの人によって研究されノウハウが積み重ねられてきたのが、現在のビールの醸造法です。まずは、その基本的な流れをつかみましょう。

製造工程の基礎知識

ビールの製造は、まず大麦を発芽させ、乾燥することにより、麦芽をつくることから始まります。次に、粉砕した麦芽で麦のおかゆ、マイシェをつくります。ここでデンプンが糖に、タンパク質がアミノ酸に分解されます。

続いてマイシェから固形分を除いて麦のジュース、麦汁（ばくじゅう）をつくります。その麦汁にホップを加えて煮沸します。

そして、冷やした麦汁に酵母を加えて発酵させ、その後、貯酒工程で熟成させます。最後に、ろ過し、樽やびん、缶に詰めて「ビール」のできあがりです。

これをもう少し具体的に説明すると、次のようになります。

マイシェは英語で？

マイシェ（maische）はドイツ語ですが、英語ではマッシュ（mash）といいます。マッシュには「すりつぶす」という意味があります。マッシュポテト（mashed potatoes）は「ジャガイモなどをすりつぶしたもの」、ビール用語としてのマッシュは「すりつぶした麦芽をお湯に浸したもの」です。

ビールの製造工程

❶製麦工程

大麦を発芽させ、乾燥させることにより麦芽をつくる工程を製麦といいます。大麦種子中のデンプンやタンパク質を糖やアミノ酸に分解する酵素をつくったり、大麦の成分を酵素で分解されやすい状態に変化させたりする工程です。

❷仕込工程

麦芽、ホップ、副原料を使用して、糖やアミノ酸を含んだ麦汁をつくる工程が、仕込です。麦芽を細かく砕いて湯を入れ、麦のおかゆ、マイシェにします。マイシェの中では、麦芽の中から溶出・活性化した酵素の働きで、**デンプンが糖に（これを糖化といいます）、タンパク質がアミノ酸に分解**されます。続いて、ろ過によってマイシェから固形分を取り除きます。こうして得られた麦のジュースを「麦汁」と呼びます。得られた麦汁にホップを加えて煮沸することで苦味と特有の香りを付与します。

❸発酵・貯酒工程

できあがった麦汁に酵母を加えて、アルコールと炭酸ガスをつくり出す工程が発酵です。こうしてできあがったビールは若（わか）ビールと呼ばれます。その後さらに貯酒を行ってビールを熟成させます。ビールの風味が特徴づけられる重要な工程です。

❹ろ過工程

濁っているビールを澄んだ液体にする工程がろ過です。ビールの濁りがなくなりクリアになるだけでなく、酵母を除去することで発酵を止め、ビールの品質を保持します。

❺パッケージング工程

出荷するためびん、缶、樽の容器に詰められて製品化されます。これがパッケージングと呼ばれる工程です。

◀パッケージングの後は出荷

過去問

Q1：ビールの製造工程を正しい順に並べたものを、次の選択肢より選べ。（３級）
❶仕込⇒製麦⇒発酵・貯酒⇒ろ過
❷仕込⇒ろ過⇒製麦⇒発酵・貯酒
❸製麦⇒仕込⇒発酵・貯酒⇒ろ過
❹製麦⇒ろ過⇒仕込⇒発酵・貯酒

A1：❸

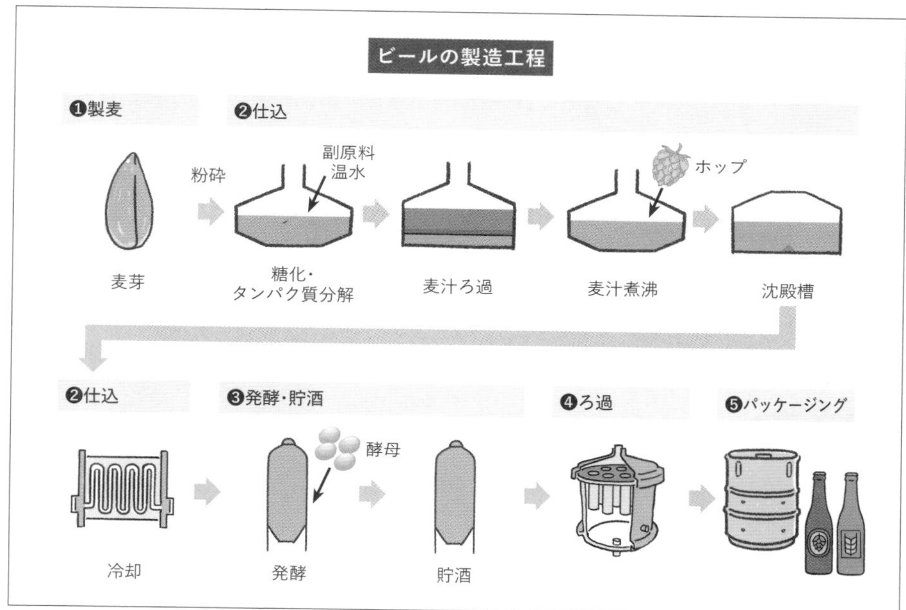

2. 製麦工程

大麦を発芽させ、乾燥することにより麦芽をつくる工程を「製麦」といいます。デンプンやタンパク質を分解する酵素が生成され、さらに大麦種子中の成分を醸造工程で利用されやすい状態に変化させるための工程です。

「製麦」は英語で？
モルティング（malting）です。ビール大麦（麦芽用大麦）はmalting barleyといいます。

浸麦（しんばく）

大麦を水中に浸漬（しんせき）して、発芽とその後の生育に必要な水分を供給する工程を浸麦といいます。

浸麦中も大麦は呼吸しているので、酸素を与えるために空気の吹き込みや水の入れ替

▲浸麦中の様子

え、呼吸で発生する二酸化炭素の除去を行います。この間に穀皮に含まれるタンニン、苦味質などが溶け出し、大麦が水を吸うことによって目を覚まし、発芽の準備が整います。浸麦は通常、水温15°C前後で1～2日ほど吸水させます。浸麦終了時点で大麦の水分含量は、40～45%になっています。

過去問

Q2: 製麦の目的について、最も適切なものを次の選択肢より選べ。(2級)
❶苦味の成分を生成させる
❷清澄で濁りの無い麦汁をつくる
❸大麦の成分を酵素で分解されやすい状態にする
❹大麦種子中の酵素の働きを止める

発芽

水を含んだ大麦は発芽室に送られ、15°C前後に保たれるよう冷風を送り、発芽を促進します。大麦が呼吸することによって発生する炭酸ガスや熱がこもらないように、定期的に大麦を攪拌しながら発芽を進めます。発芽中の大麦は「緑麦芽」と呼ばれ、硬かった大麦の粒もこの工程を経ることにより、指で潰せるほどにやわらかくなります。

▲発芽室内部の様子

知っトク

溶け
発芽中の大麦は「緑麦芽」と呼ばれ、発芽中に起こるデンプンやタンパク質、炭水化物等の貯蔵物質の変化を総称して「溶け」といいます。発芽工程ではこの「溶け」を進めたり抑えたりしながら、ビールに合った品質の麦芽をつくります。

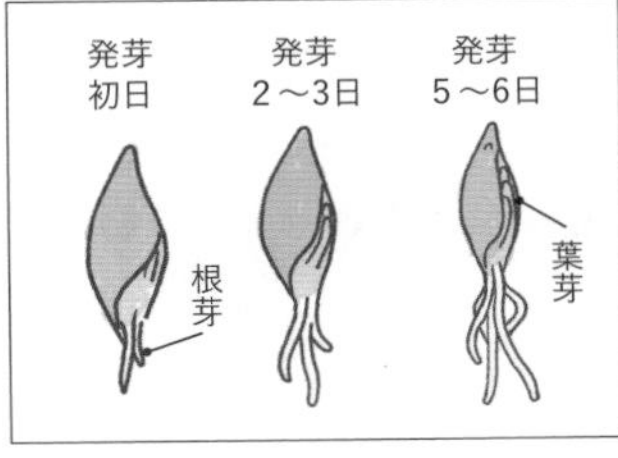

▲発芽した大麦(緑麦芽)

過去問

Q3: 淡色麦芽の製麦工程ではいくつかの工程を経て麦芽が製造される。その工程を正しい順に並べたものを次の選択肢より選べ。(2級)
❶浸麦→発芽→焙燥→除根
❷浸麦→発芽→除根→焙燥
❸浸麦→除根→発芽→焙燥
❹浸麦→焙燥→発芽→除根

焙燥

発芽した麦の成長を止めて長期間保存できるようにし、同時にビール独特の色や香りの成分をつくるため、熱風で乾燥させます。この工程を焙燥といいます。麦芽中の酵素が高温で失活(活性を失うこと)してしまうと、仕込(工程での糖化)に支障が出ます。淡色麦芽をつくる場合はこの**酵素が失活しないように**、約50°Cか

A2:❸
A3:❶

ら徐々に温度を上げ、80°Cを超えたところで焙燥を止めます。

除根（じょこん）

焙燥後の麦芽から、不快な苦味成分（アルカロイド）のもととなる伸びた根を取り除きます。麦芽同士をすり合わせることで、穀粒と根を簡単に分離することができます。

ロースト（焙煎（ばいせん））

濃色ビールに風味や色合いを加えたり、中濃色ビールの色調を付加するために使われる麦芽を濃色麦芽と呼びます。焙煎することでつくられた、クリスタル麦芽（カラメル麦芽）、チョコレート麦芽、黒麦芽などが、それにあたります。クリスタル麦芽は、麦芽穀粒内部のデンプンをいったん液化・糖化させ、その後で焙煎します。そのため、穀粒内部は飴状（ガラス状）になります。チョコレート麦芽や黒麦芽は、いったん焙燥を終えた淡色麦芽を再びロースターで焙煎します。黒麦芽の場合、ロースター内の温度は200°C以上になります。

濃色麦芽の酵素は高温により酵素力が低下しているため、糖化目的には使用できません。そのため、濃色ビールを醸造する際も、大部分は酵素が失活していない淡色麦芽を使用します。これに濃色麦芽を一部配合することで、琥珀色や黒色などさまざまな色のビールをつくることができるのです。

▲濃色麦芽を一部配合することで、さまざまな色のビールができる

Q4：濃色麦芽についての説明で、正しいものを次の選択肢より選べ。（3級）
❶ロースターを用いて焙煎したものを濃色麦芽という
❷濃色麦芽の一種のチョコレート麦芽はカカオで色付けしたものである
❸濃色ビールは濃色麦芽だけでつくられる
❹クリスタル麦芽は濃色麦芽ではなく淡色麦芽に分類される

中濃色ビール

淡色と濃色の間に位置する液色のビール。「中等色ビール」と呼ぶ場合もあります。ペールエールなどがこの液色に該当します。

A4：❶

過去問

Q5:下記の３つ麦芽を、色の濃い順に並べたものを、次の選択肢より選べ。（２級）
A:ウィーン麦芽
B:クリスタル麦芽
C:チョコレート麦芽
❶A→B→C
❷B→C→A
❸C→A→B
❹C→B→A

知っトク

ローステッド・バーレイ（rosted barley）

麦芽化していない大麦を、ロースターで最終温度230°C程度で２時間半以上加熱したもの。英国のビーターエールやスタウトの製造の際、着色や刺激的な焦げ味を付与するために使われます。「ロースト・バーレイ」「焙煎大麦」とも呼ばれます。

A5:❹

主な麦芽の種類

外観	名称	焙燥、焙煎温度
	単色麦芽（ベールモルト）	80～90°C
	小麦麦芽（ウィートモルト）	80～90°C
	ウィーン麦芽（ヴィエナモルト）	90～110°C
	クリスタル麦芽（カラメル麦芽）	120～160°C
	チョコレート麦芽	200～220°C
	黒麦芽（ブラックモルト）	220°C

※麦芽の画像はイメージで実際のものとは異なります。画像の色調整で色の差異の表現しています。

BEER COLUMN

黒ビールの種類

日本ではひとくくりに「黒ビール」と呼びますが、黒ビールにもさまざまな種類（スタイル）があります。スタイルによって製法も味わいも異なります。詳しくは、Part 3の「さまざまなビアスタイル」をご確認ください。

■黒ビールスタイル例

スタイル	発祥国	発酵方法
ポーター	イギリス	上面発酵
スタウト	アイルランド	上面発酵
シュヴァルツ	ドイツ	下面発酵
ミュンヘナーデュンケル	ドイツ	下面発酵

3.仕込工程

仕込工程は麦芽の粉砕から始まります。麦芽自身の酵素の力を使って麦芽内のデンプンやタンパク質を糖やアミノ酸に分解し、その後、ろ過で澄んだ液体(麦汁)をつくります。最後に、ホップを加えて煮沸し、冷却した後に発酵工程に送られます。

過去問

Q6:ビールの仕込工程において、粉砕された麦芽と温水を混ぜ合わせてつくられるおかゆ状のものを何というか、次の選択肢より選べ。(3級)
❶ブルッフ　❷マイシェ
❸ロイター　❹スパージング

A6:❷

仕込工程とは

▲仕込設備

麦芽やホップなどを使用して、糖やアミノ酸が豊富な麦汁をつくる作業が仕込の工程です。

まず、原料の麦芽を粉砕し、温水とともに仕込釜または仕込槽で煮ることで、おかゆ状の「マイシェ」になります。このとき、酵素の力で麦芽のデンプンを糖に変える糖化を行います。そして、できあがったおかゆ状のマイシェをろ過して透き通った麦汁をつくった後、ホップを加えて煮沸を行います。最後に麦汁を冷却し、発酵の工程へと移っていきます。

❶麦芽粉砕

粉砕機によって麦芽を粉砕する。細かくすることで糖化が進みやすくなるが、細かすぎると麦汁ろ過の工程で渋滞する。

❷糖化・タンパク質分解

■インフュージョン法

粉砕した麦芽
温水
マイシェ
[仕込槽]

デコクション法のようなマイシェの移動がなく、仕込槽を加熱してマイシェの温度を段階的に高める。

■デコクション法

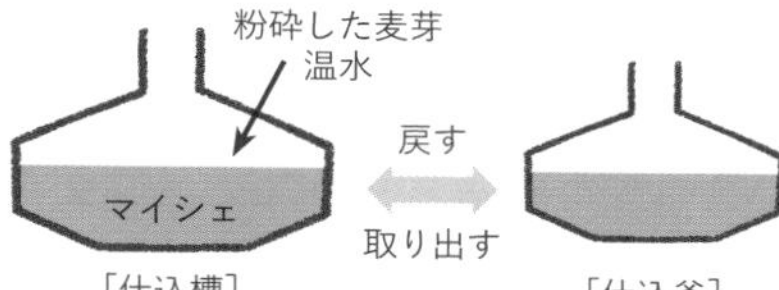

マイシェの一部を仕込釜に取り、これを煮沸した後、再び仕込槽に戻すことによって、全体のマイシェの温度を高める。

次ページへ続く

前ページより

❸麦汁ろ過

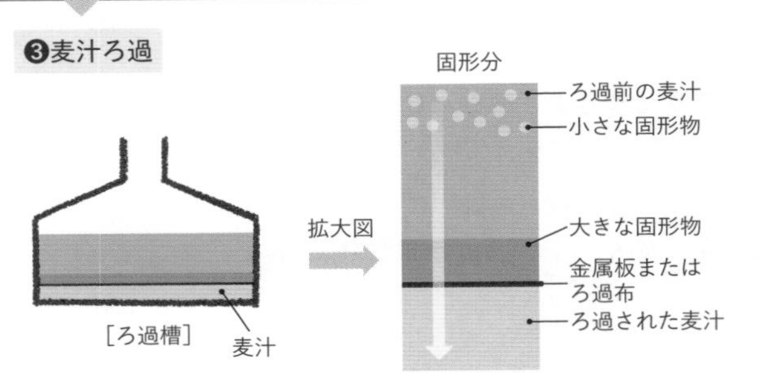

マイシェの中の固形分が金属板またはろ過布の上に堆積し、ろ過材となり麦汁がろ過される。

❹麦汁煮沸

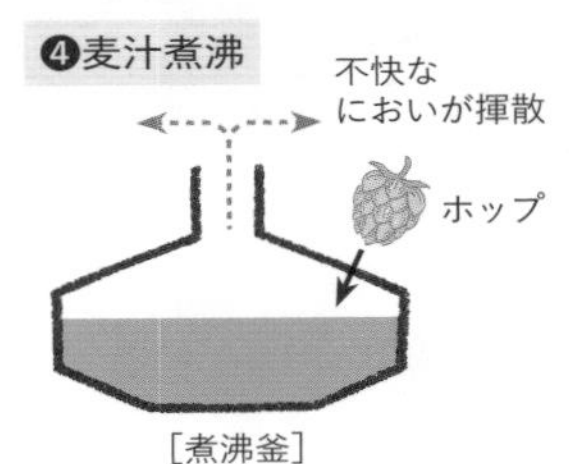

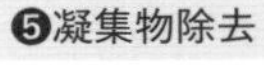

ホップを加えて煮沸することで、ビールに特有のホップの香りや苦味が与えられる。
苦味はホップの成分であるアルファ酸がイソアルファ酸に異性化することで生じる。また、ビールにとって不快なにおい成分は揮散する。

❺凝集物除去

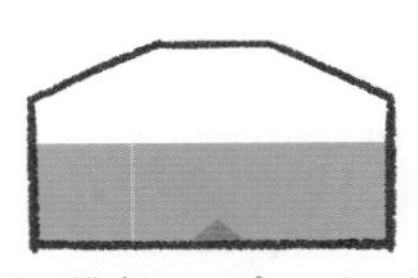

煮沸によって生じた凝固物(ブルッフ)やホップ由来の固形分を沈殿させる。その後、沈殿を崩さないようにゆっくりと麦汁のみを取り出すことで麦汁と凝集物を分離する。

❻冷却

麦汁の温度を発酵開始温度まで下げる。

過去問

Q7: 仕込槽を加熱してマイシェの温度を段階的に上げていくビールの仕込方法の名称を、次の選択肢より選べ。(3級)
❶デコクション法
❷インフュージョン法
❸酵母純粋培養法
❹低温殺菌法

過去問

Q8: ビールの仕込工程で行なわれる麦汁煮沸では、タンパク質を主とした凝固物が生成される。この凝固物の呼び名を、次の選択肢より選べ。(3級)
❶プレット　❷マイシェ
❸ブルッフ　❹オールソップ

A7:❷

A8:❸

麦芽の粉砕

麦芽は、粉砕機（ローラー式やハンマー式）によって粉砕されてから、仕込槽や仕込釜に入れられます。

粉砕は細かくしたほうが、糖化時にデンプンが糖に効率的に分解されます。しかし、あまり細かくしてしまうと、穀皮をろ過材として利用する麦汁ろ過の工程で目詰まりを起こし、ろ過が遅くなってしまいます。また、穀皮にはタンニンなどビールに渋味やエグ味をもたらす成分が多く含まれており、穀皮を細かく粉砕すると、そうした成分が多く麦汁に溶け出してしまいます。そのため麦芽粉砕では、穀皮は粗く、**穀粒の中身は細かくなるように工夫**されています。

①

②

③
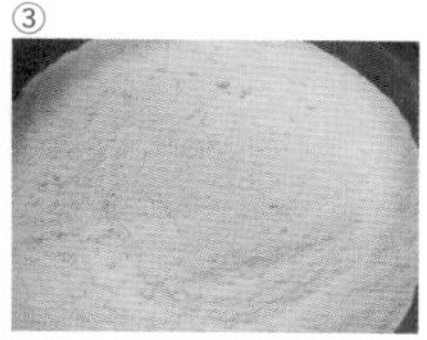

▲粉砕された麦芽。①穀皮、②粗く粉砕されたもの、③細かく粉砕されたもの。粉砕後には、さまざまな粉砕度合いのものが混在した状態になっており、それぞれの割合は糖化やろ過に影響する。

麦汁づくり

粉砕された麦芽は、仕込槽や仕込釜に温水とともに入れられ、「マイシェ」と呼ばれるおかゆ状のものになります。最初は、麦芽も固形物として認識できますが、攪拌（かくはん）しながら適切な温度に保つことで、デンプンとタンパク質が分解されて、液状になっていきます。

デンプンの糖化

デンプンには2種類あります。ブドウ糖（グルコース）がつながった状態で、直線状になっているアミロースと、枝分かれしているアミロペクチンです。これらの状態では大きすぎて、酵母が細胞内に取り込むことができません。

多くの酵母が取り込めるのは、ブドウ糖や果糖、ブドウ糖が2

「麦芽の粉砕」は英語で？

ミリング（millng）です。粉砕機はmillで、麦芽粉砕機はmalt millといいます。ちなみに、コーヒー豆を挽いて粉にする器具のことはcoffee millといいます。

「麦汁」は英語で？

ウォート（wort）です。ホップを加えるまでの麦汁はsweet wort、ホップを加えた後の麦汁はhopped wortと呼ぶ場合もあります。

Q9：ビールの発酵工程において、ビール酵母が取り込むことのできない物質を次の選択肢より選べ。（2級）
❶麦芽糖
❷ブドウ糖
❸アミロペクチン
❹果糖

A9：❸

過去問

Q10：ビールの仕込工程の順番で正しいものを次の選択肢より選べ。(2級)
❶麦芽粉砕→糖化→麦汁ろ過→麦汁煮沸
❷麦汁煮沸→麦汁ろ過→糖化→麦芽粉砕
❸麦芽粉砕→麦汁ろ過→糖化→麦汁煮沸
❹麦汁煮沸→麦芽粉砕→糖化→麦汁ろ過

知っトク

糖化は英語で？
糖化は英語でサッカリフィケーション（saccharification）です。

A10：❶

個つながった麦芽糖などです。ビール酵母は、ブドウ糖が3個つながったものまで細胞内に取り込むことができます。

▲仕込の様子

大きなデンプンを、酵母が取り込める大きさの糖にまで分解する反応を促進するのが酵素です。デンプンを糖に分解する反応を糖化と呼びます。

糖化では、まず加熱することによりデンプンの結晶構造をほぐしてドロドロの糊状にし、酵素を働きやすくします。これを糊化（こか）といいます。糊状になったデンプン（アミロース及びアミロペクチン）は、α-アミラーゼと呼ばれる酵素により分解され、さらさらの液状になります。これを液化といいます。デンプンがα-アミラーゼによって低分子となったものをデキストリンと呼びます。

デキストリンやアミロース及びアミロペクチンを、端からブドウ糖2個ずつに切っていく酵素がβ-アミラーゼです。ブドウ糖が2個ずつ切り離されたものは、麦芽糖と呼ばれます。β-アミラーゼによる糖の生成は、約65°Cで最も活性化します。

糊化　加熱により結晶構造がほぐされ酵素が働きやすくなる

ブドウ糖が複数つながって鎖状になったものがデンプン。枝分かれしていないものをアミロース、しているものをアミロペクチンと呼ぶ

液化　アミラーゼが作用し結晶構造をほぐす

はアミラーゼのイメージです

デンプン（アミロース、アミロペクチン）がα-アミラーゼによって低分子になったものがデキストリン

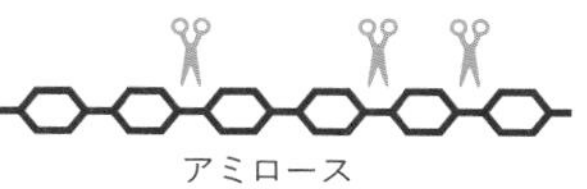

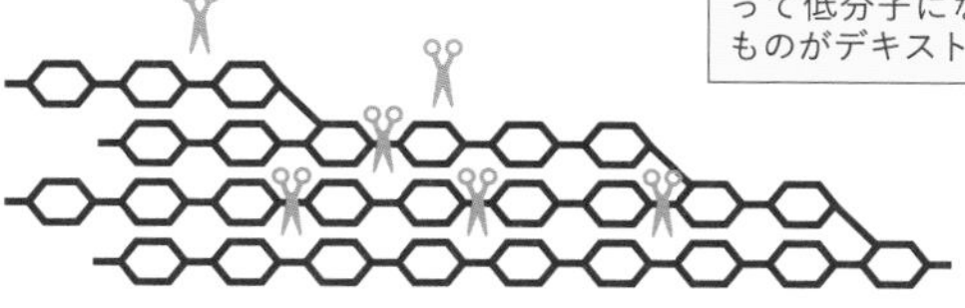

糖化　デンプンの分解により糖ができる

ブドウ糖（一糖類）

麦芽糖（二糖類）

マルトトリオース（三糖類）

ビール酵母はブドウ糖が3個つながったものまで細胞内に取り込むことができる

過去問

Q11:大麦を発芽させることで生成される、麦芽の中のデンプンを糖に分解する酵素の名前を次の選択肢より選べ。（3級）
❶アミラーゼ
❷プロテアーゼ
❸マイシェ
❹アルカロイド

基本のキ

ご飯をかみ続けていると甘くなってくるのはなぜ？

よく噛んでご飯（デンプン）を食べると、唾液中のアミラーゼ（消化酵素）がデンプンを麦芽糖に分解するため甘く感じるのです。

A11:❶

タンパク質の分解

Q12: 仕込温度で50℃を保持する目的として、最も適切なものを次の選択肢より選べ。（3級）
❶酵素の失活　❷糖化
❸タンパク休止　❹ろ過

タンパク質は、タンパク質分解酵素プロテアーゼの働きによって、さまざまな分子量のペプチド（アミノ酸が複数つながったもの）とアミノ酸に分解されます。アミノ酸はビール醸造において、酵母の栄養となって酵母自体の増殖や香り・味の成分の生成に関与します。また、分解されずに残ったタンパク質と、生成されたペプチドは、ビールの泡を形づくる役割を果たすとともに、味にも関与しています。

「タンパク休止」は英語で？
プロテインレスト（protein rest）です。

マイシェの温度管理

仕込工程では、さまざまな酵素が、デンプンやタンパク質の分解を行います。それぞれの酵素には働くのに最適な温度があるため、ビールのスタイルにもよりますが、基本的にマイシェの温度を50℃、65℃、75℃と段階的に上げていきます。

過去問

Q13: ビールの仕込工程において、仕込釜と仕込槽を併用し、マイシェの温度を高める方法を、次の選択肢より選べ。（3級）
❶インフュージョン法
❷デコクション法
❸酵母純粋培養法
❹低温殺菌法

50℃保持の意義

この温度に保つことをタンパク休止といい、タンパク質分解酵素を働かせるために行います。ビールの泡持ちに関与するタンパク質、ビールの旨味・芳醇さ・コクに関与するペプチド、ビールのコクや味に関与し、酵母の栄養源であるアミノ酸といった物質が生成されます。

65℃保持の意義

デンプンを分解し、ブドウ糖や麦芽糖を生成させるβ-アミラーゼなどの酵素が活性化する温度である65℃を糖化温度と呼びます。デンプンの長くつながっていた分子が酵素によって切られるため、白濁して粘り気の強いマイシェが甘味を持ったさらさらのマイシェに変わっていきます。

75℃保持の意義

ほとんどの酵素を失活させるため、この温度まで高めます。そ

A12:❸
A13:❷

の後、ろ過が行われます。

●仕込の方法

仕込にはさまざまな方法がありますが、大きくインフュージョン法とデコクション法に分類されます。

インフュージョン法

仕込槽を加熱してマイシェの温度を段階的に上げていく方法です。主に上面発酵ビールや、スッキリとやわらかな味わいの下面発酵ビールの製造時に採用されます。

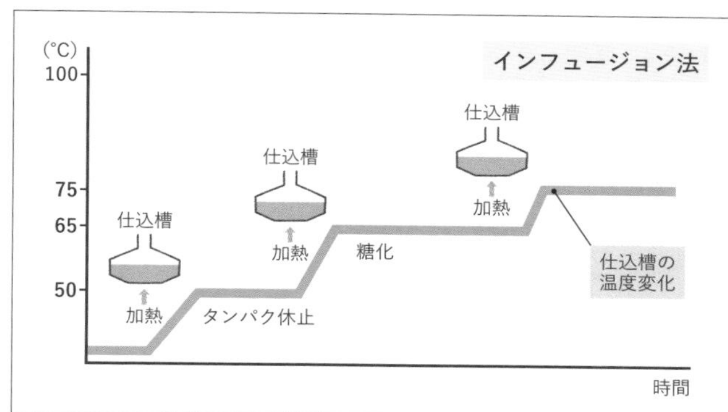

二大仕込法

元来、インフュージョン法はイギリスの上面発酵ビール、デコクション法はドイツの下面発酵ビールで用いられてきました。この方式の違いは、使用する大麦(麦芽)品質の産地的な違いよるもので、ドイツ周辺の麦芽は酵素力が弱く不溶化成分が多いことから、煮沸によって物理的に分解させる手法が組み入れられたものと考えられています。

デコクション法

仕込開始後にマイシェの一部を仕込槽から仕込釜に取り分けて煮沸した後、再び仕込槽へ戻すことによって、酵素分解の進み具合を調整しながら全体のマイシェの温度を高める方法です。以下の3種類があり、3回、2回、1回とはマイシェの煮沸の回数をいいます。下面発酵ビールの代表的な製法です。

デコクション法はドイツで開発された手法といわれています。ドイツ語では、3回煮沸法は「ドライマイシェフェアファーレン」、2回煮沸法は「ツヴァイマイシェフェアファーレン」、1回煮沸法は「アインマイシェフェアファーレン」といいます。

ホッホクルツ製法（高温短時間仕込法）

ドイツ古来の醸造法。デコクション法の一種。「ホッホ」は高温、「クルツ」は短時間という意味です。短時間で糖化やタンパク質分解を完了させる必要があるので、酵素の働きが強い淡色麦芽を用いる仕込に適しています。北海道限定ビール「サッポロクラシック」にはこの製法が採用されています。

Q14：マイシェから固形物を除去するために、目の粗いスリットの入った金属板を敷き麦の穀皮をろ過材として使うろ過方式の名称を、次の選択肢より選べ。（２級）

❶フィルタープレス式
❷ロイター式
❸インフュージョン法
❹デコクション法

A14：❷

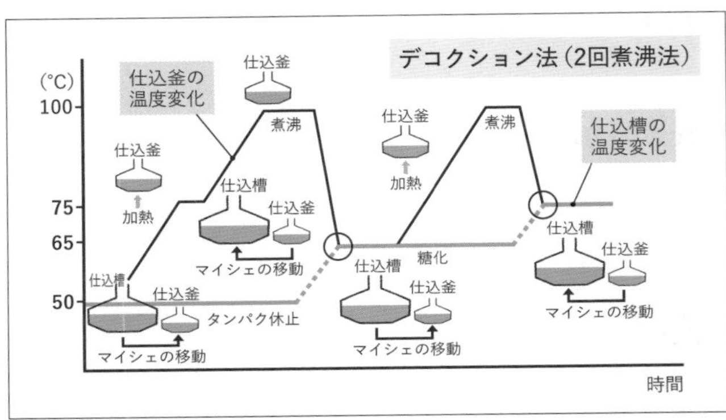

①３回煮沸法（トリプルデコクション製法）

マイシェの一部を仕込釜で煮沸して仕込槽に戻す工程を３回行います。手間と時間がかかりますが、麦芽の旨みとコクを最大限引き出すために、最も古くから発達した方法です。昔の醸造技術者は経験から煮沸するべきマイシェの最適な量を知っていたので、温度計がなくてもマイシェ全体の温度調節ができたそうです。

②２回煮沸法（ダブルデコクション製法）

マイシェを２回煮沸する方法で、下面発酵ビールの醸造に広く使われています。

③１回煮沸法（シングルデコクション製法）

１回煮沸法は、所要時間が短く、経済的です。味は比較的やわらかくなります。

麦汁のろ過

温度管理を行って最終的にできあがったおかゆ状の「マイシェ」から固形物を除去するために、ろ過が行われます。ろ過には、目の粗いスリットの入った金属板を敷いたロイター式と、ろ過布を用いるフィルタープレス式の２通りがあります。現在は主に

ロイター式のろ過

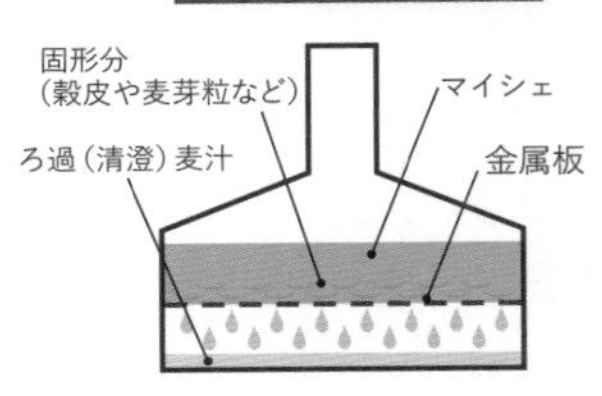

▲マイシェの中の固形分がろ過フィルターの役割を果たして、マイシェから固形物が取り除かれる

ロイター式が採用されています。ロイター式では麦の穀皮をろ過材として使います。

ろ過では、水溶性部分の麦汁と固形物の穀皮部分を効率的に分けることが重要で、具体的には以下の要件が求められます。

①一定の時間に麦汁をろ過する。

②できるだけ多くのエキス分を取る。

③清澄で濁りのない麦汁を取る。

▲ろ過前のマイシェには、穀皮などの固形物が見える

▲ろ過後の麦汁では固形物が取り除かれている

一番搾り製法

「キリン一番搾り生ビール」に採用されている製法です。「一番搾り製法とは、ビールづくりにおける麦汁ろ過工程において、最初に流れ出る一番搾り麦汁のみを使う製法のことです。」(一番搾りブランドサイトより)

ろ過は、仕込工程の中で特に時間のかかる工程です。ろ過を遅くする原因物質は、麦芽の胚乳の細胞壁や細胞間物質に由来するグルカンなどの多糖類です。それらを分散させず一定時間でろ過を行うためには、麦芽の粉砕が適切なこと、糖化の際の攪拌を必要以上に強く行わないこと、品質が均一で良質な麦芽を使用することなどが必要です。またエキス分をできるだけ多く取ろうとして強制的なろ過を行うと、脂質が多く含まれる濁り成分が出て、ビールの泡持ちや香味、及び香味の安定性に悪影響を与えてしまいます。

ろ過槽に移されたマイシェが、そのままろ過された麦汁を第一麦汁といいます。第一麦汁を取った後に残された固形分の層(もろみ層)には、まだエキス分が残っているため、もろみ層に湯がかけられ、残っているエキス分が抽出されます。これを第二麦汁といいます(スパージング)。第二麦汁は、アミノ酸や糖が少なくなるためpH値(水素イオン指数)が高くなり、穀皮からタンニンが溶出しやすくなります。エキス分を多く抽出しようとして、かける湯量を増やしすぎると好ましくない成分も多く抽出されるため、注意が必要です。

スパージング(sparging)

第一麦汁を取った後に残されたもろみ層に78〜80℃くらいの湯をかけ、残っているエキス分を洗い出し、第二麦汁として回収すること。

知っトク

「仕込」は英語で？

仕込はマッシング（mashing）といいますが、これは麦芽からマイシェをつくるまでのいわば狭義の仕込です。麦汁のろ過・麦汁煮沸も含んだ広義の仕込に相当する英語としては、wort preparation（麦汁調整）やwort production（麦汁製造）、またときにはbrewingが用いられます。

麦汁の煮沸

ろ過された麦汁は煮沸釜に移され、**ホップが添加**されて煮沸が行われます。煮沸の目的は次の通りです。

①ホップとともに煮沸することによりホップ成分が抽出され、**香りと苦味の付与、抗菌作用による雑菌繁殖の抑制、泡持ちの向上などの効果**をもたらす。
②第二麦汁によって希釈された麦汁を濃縮し、適正な濃度にする。
③加熱により、麦汁中の凝固性タンパク質を凝集させる。
④麦汁中に残る酵素を完全に失活させる。
⑤麦汁を殺菌する。
⑥ビール特有の色をつける。
⑦好ましくない香りを揮散させる。

煮沸は、麦汁を効率よく対流させることにより、好ましくない香りを揮散させ、余分なタンパク質の凝固を促進し、焦げつきを防止しています。煮沸により凝固するタンパク質は、煮沸を進めるうちに大きくなっていきます。これをブルッフといいます。

ブルッフの形成は麦芽の品質、醸造用水の性質、ホップの使用量、麦汁の濃度、煮沸の時間や強さなどに影響されます。煮沸が長すぎたり、また、強すぎたりすると、一度生成したブルッフが再び微粒子となり二度と凝集しないため、煮沸する時間や強さには気を配らなくてはなりません。昔の醸造技術者は、煮沸の適正な時間をこのブルッフの形成状態だけを見て判断していたそうです。

知っトク

IBU

International Bitterness Units（国際苦味単位）の略語。ビールの苦味物質であるイソアルファ酸（イソフムロン）の含有量を示す指標です。日本の標準的なビールはIBU15〜30程度でホップの強い苦味が特徴のアメリカンIPAの場合はIBU50以上となります。ただし、苦味は甘味等により緩和されるため、IBU値が高くても必ずしも苦味を強く感じるというわけではありません。

ホップの役割

苦味成分

ホップの果たす大きな役割として、ビールに苦味を与えることがあげられますが、ホップを添加しただけでは苦味は付与されず、煮沸されることによって初めて苦味が出てきます。ホップに含まれる**アルファ酸が煮沸されることによりイソアルファ酸に異性化**され、苦味を持つようになります。異性化とは、原子の組成は変わらずに配列が変わって別の分子になることで、その分子は異性体と呼ばれます。

ビールの苦味の指標であるIBUは、このイソアルファ酸を測定することにより算出しています。ただし、同じ苦味の単位であってもホップの種類、使い方、仕込の方法によって感じられる苦味の質、強さはさまざまです。

Q15:近代設備が導入される以前の醸造技術者が、適正な麦汁の煮沸時間の参考としていたものは何か、最も適切なものを次の選択肢より選べ。(2級)
❶煮沸時に出る破裂音
❷同量の水が沸騰するまでの時間
❸ブルッフの形成状態
❹エステル香の変化

香り成分

ホップ独特の香りは、ルプリンの中にある成分に由来しています。この成分は、麦汁の煮沸で大部分が揮発してしまいますが、酸化していると揮散しにくい性質を持っています。ホップの香りは、酸化の度合いや煮沸の強さなどにも影響を受けるのです。

ホップの使用方法

Q16:ホップの香りをより強く付与するため、熱の影響を受けない発酵以降の工程でホップを投入する手法を、次の選択肢より選べ。(2級)
❶マッシュホッピング
❷ケトルホッピング
❸レイトホッピング
❹ドライホッピング

ホップの添加は、煮沸を始める際に全量投入する方法、煮沸中に分割して投入する方法などがあります。後者の場合は、煮沸開始、煮沸終了前後が主な投入タイミングです。この他に発酵・熟成(後発酵)時に使用する方法もあります。

ホップには、大きく分けて**「苦味づけ」と「香りづけ」の2つの役割**があります。苦味づけのためには苦味成分の多いビターホップを主に使用します。長時間煮沸することで苦味が抽出される(可溶化する)ため、煮沸開始時に多く投入されます。これはケトルホッピングと呼ばれます。香りづけのためには、アロマホップやフレーバーホップを主に使用します。この場合、煮沸しすぎると香り成分が飛んでしまうため、煮沸終了前後に投入します。これはレイトホッピングと呼ばれる手法です。

近年ではドライホッピングと呼ばれる手法も注目されています。一般的には、熱の影響を受けない発酵以降の工程で再びホップを使用する手法で、苦味をほとんど付与させずにホップの香りをより強烈に与えることができます。

このように、ビールで感じられるホップ由来の苦味や香りは、使用するホップの種類、量、投入タイミングによって異なってき

A15:❸

A16:❹

ます。

ワールプールとは？

ワールプールタンクのワールプール（whirlpool）は、英語で「渦巻き」という意味です。

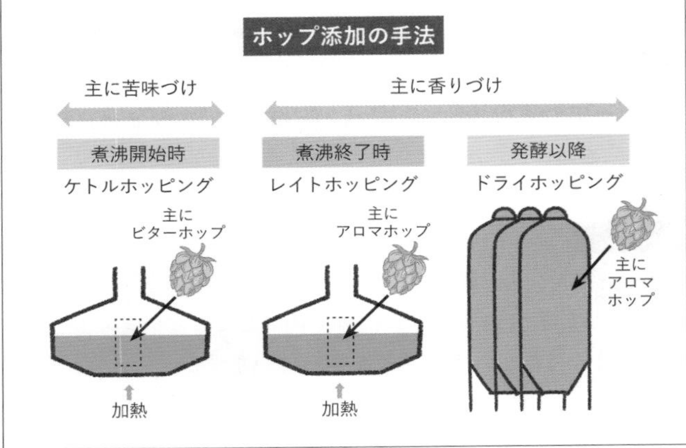

知っトク

ティーカップエフェクト

カップに注いだ紅茶をスプーンでかき回すと茶葉がカップ底中央に集まる現象のこと。ワールプールタンクは、この現象を応用したものになります。

凝集物除去

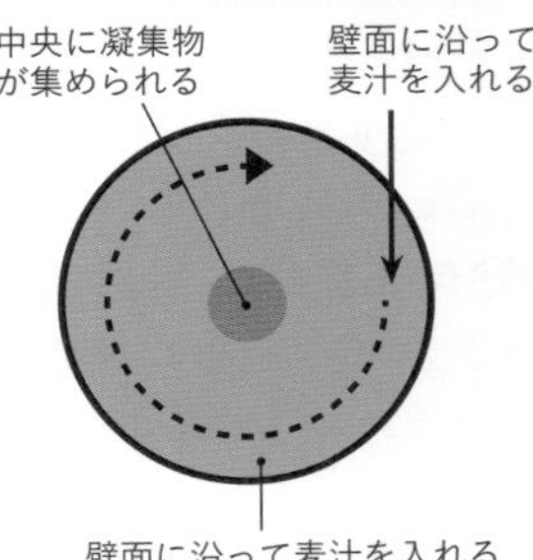

煮沸が終わった麦汁は、ホップ由来の固形分と煮沸で生成した凝固物などの凝集物（ブルッフ）を取り除き、冷却します。

凝集物の除去には、ワールプールタンクという円筒形の沈殿槽が使われます。円筒形のタンクの壁面に沿って麦汁を勢いよく流し込み、タンクの中で麦汁を旋回させることによって、凝集物やホップ由来の固形分を中央に集合させるのです。その後、沈殿物を崩さないようにゆっくりと麦汁のみを取り出すことで麦汁と凝集物を分離します。

麦汁冷却

凝集物が取り除かれた麦汁は、冷却器によって発酵の温度まで下げられます。冷却工程の目的は次の通りです。

①麦汁の温度を発酵開始温度まで下げる。

②麦汁に、酵母が増殖するために必要な酸素を溶解させる。

麦汁は冷却されることで細菌や野生酵母が繁殖しやすい温度となるため、この工程以降はビール酵母のみの増殖環境となるよう、他の微生物の混入と繁殖に注意しなければなりません。

クールシップ(麦汁冷却槽)

麦汁を自然冷却させるための蓋がないオープン構造の冷却槽。近代的な工場では姿を消しましたが、伝統的な自然発酵ビールの醸造では醸造場に棲みついた多種多様な微生物を麦汁に入り込ませる場としての機能も果たしており、ランビックの醸造では今なお使用されています。日本ではベアレン醸造所(岩手県盛岡市)がクールシップを使ったビールづくりを行っています。

▲クールシップ(ベアレン醸造所)

4. 発酵・貯酒工程

できあがった麦汁中の糖を酵母が分解し、アルコールと炭酸ガスをつくり出す工程が「発酵」です。主発酵から、さらに「熟成・貯酒」を行ってビールを熟成させます。ビールの風味が特徴づけられる重要な工程です。

主発酵(しゅはっこう)(前発酵(ぜんはっこう))

発酵開始温度まで下げられた麦汁には、酵母の増殖のために必要な酸素が溶解されます。

麦汁に酵母が添加されると、酵母が活動を始めます。添加される酵母の量は麦汁100lに対し0.5l程度です。これにより麦汁1mlにおよそ1,500万～2,000万個の酵母が存在することになります。酵母量が少ないと発酵が遅れて香味のバランスが失われ、また、過剰に添加されるとビールの味を損なうことがあります。

酵母は、麦汁に添加された後、3日目くらいが最も旺盛に増殖します。酵母数は4～5日目に最も多くなり、その後、酵母の凝集と沈降が始まります。**下面発酵では10℃前後で1週間～10日ほど、上面発酵では15～25℃で3～5日の発酵を行います。**

▲発酵の様子

主発酵が終了したビールは若ビールと呼ばれます。この段階ではビール本来の味や香りが不十分なために、若ビールは熟成・貯酒を行う後発酵(こうはっこう)

タンクに送られます。ビール下（おろ）しなどといわれる作業です。液中に浮遊している酵母が後発酵を行いますが、浮遊酵母が少ないとその後の進み方に支障をきたし、香味に悪影響を及ぼします。逆に多いと、ビールのろ過の際に、酵母によってフィルターの目詰まりが起こることで、ろ過が長時間に及ぶこともあります。

「発酵」は英語で？

発酵はファーメンテーション（fermentation）です。

熟成・貯酒（後発酵）

ビールの熟成・貯酒は、後発酵ともいいます。その目的は、次の通りです。

「熟成・貯酒」は英語で？

熟成はコンディショニング（conditioning）です。after fermentation（後発酵）とほとんど同じ意味で使われますが、特に下面発酵ビールの熟成・貯酒には、cold conditioning（低温熟成）がよく使われます。

香味の熟成と炭酸ガスの溶解

主発酵によりビールができますが、この段階では、まだ味が粗く、未熟な香りなどを含むので「若ビール」と呼ばれます。熟成工程では、若ビールを低温で熟成させます。熟成中にも、残った糖分などの発酵は進みますが（後発酵）、主発酵のときほどの酵母は必要ありません。

Q17：主発酵（前発酵）を終えたビールは何と呼ばれるか、次の選択肢より選べ。（3級）
❶第一麦汁
❷若ビール
❸マイシェ
❹ロイター

若ビール中には、発酵中に生成されたオフフレーバーと呼ばれる好ましくないにおいもあります。代表的なものはジアセチル（ダイアセチルとも呼ばれる）という未熟臭の原因物質です。そのにおいはバター臭ともいわれ、0.1ppm以下の極微量でも、ビールの味を損なうとても不快なにおいです。しかし、このジアセチルは、熟成を行うことにより再び酵母に取り込まれ、未熟臭を発しない成分に変換されます。

「若ビール」は英語で？

グリーンビア（green beer）です。ドイツ語ではユングビア（Jungbier「若いビール」の意）で、英語でもヤングビア（young beer）とする場合があります。

また、熟成中にも発酵が進むことにより炭酸ガスが発生します。後発酵工程では、適度な加圧状態で徐々に冷却することでビール中に**炭酸ガスを溶解**させます。

炭酸ガスは、ビールに爽快なのどごしを与えるとともに、ビールの特徴の1つである泡をつくり出す役割も果たします。また、余分な炭酸ガスは少しずつ放出するように管理されますが、その炭酸ガスには不快な香りをビール中から揮散させるという働きもあります。

このような過程を経て、若ビールは熟成されていきます。

A17：❷

ビールの清澄

後発酵が進むとともに浮遊物は沈殿して、液は澄んでいきます。タンパク質やホップ成分は凝固したものだけが沈殿し、粒子が大きいほど早く沈殿します。

過去問

Q18:ビールの製造工程における「後発酵」の説明として、誤っているものを次の選択肢より選べ。(2級)
❶徐々に加熱しながらビール中に炭酸ガスを溶解させる
❷「熟成・貯酒」と同義である
❸ビールを清澄化させる
❹炭酸ガスにより不快な香りを揮散させる

発酵の副産物

発酵によって、糖はアルコールと炭酸ガスに変化していきますが、酵母は最初に使いやすいブドウ糖を取り込み、ブドウ糖を取り込み終わると麦芽糖を取り込んでいきます。後発酵が終わった時点で残るエキスの大部分は、デキストリン(酵素によって分解しきれなかった低分子量の炭水化物)とタンパク質、その他の物質で、**ビールのコク**に関係しています。

同時に、**発酵由来の香気成分**も生成されます。たとえば、酢酸エチル、酢酸イソアミル、カプロン酸エチルなど、芳香性のエステル成分などです。

Q19:ビールの発酵工程で生成される酵母由来の香気成分である「酢酸イソアミル」に関する説明として正しいものを、次の選択肢より選べ。(3級)
❶バナナのようなフルーティな香り
❷燻製のような香り
❸バラのような香り
❹日本酒のような吟醸香

■代表的な発酵由来の香気成分

成分	香り
酢酸エチル	パイナップルのような香り
酢酸イソアミル	バナナのようなフルーティな香り
カプロン酸エチル	日本酒のような吟醸香
乳酸エチル	いちごやナッツのような香り
2-フェニルエタノール	バラのような香り
4-ビニルグアヤコール	燻製(くんせい)のような香り

貯酒期間

ビールの貯酒(後発酵)期間は、ビールの種類、酵母などによってさまざまです。

標準的な下面発酵ビールの

▲貯酒タンク

A18:❶

A19:❶

場合は約１か月ですが、より短い期間で後発酵させる方法を採用する場合もあります。麦芽100％でエキス分の高いビールの場合はより長い期間が必要で、上面発酵ビールの場合は一般的に下面発酵ビールより貯酒期間は短くなります。

いずれの場合も、貯酒期間は長ければよいというものではなく、そのビールにとっての適正な期間があります。それを超えると酵母が自己消化を起こし、細胞内の内容物がビール中に溶け出して望ましくないにおいがつき、さらにビールの泡持ちにも悪影響を与えます。

過去問

Q20：ビールの熟成・貯酒工程に関する説明として誤っているものを、次の選択肢より選べ。（２級）
❶麦芽100％でエキス分の高いビールの場合は、標準的な下面発酵ビールより長い貯酒期間が必要とされる
❷適度な加圧状態で徐々に冷却することでビール中に炭酸ガスを溶解させる
❸上面発酵ビールの場合は、一般的に下面発酵ビールより、貯酒期間は長い
❹貯酒期間はビールのタイプによって様々であり、長ければ長いほど良いというものではない

A20：❸

BEER COLUMN
ビール製造工程を英語で

ここまでに、側注の「知っトク」でご紹介した、製造工程に関わる英語のまとめてみました。

大麦	barley
小麦	wheat
麦芽	malt
製麦	malting
麦芽の粉砕	milling
マイシェ	mash
仕込（麦芽からマイシェをつくるまで）	mashing
麦汁	wort
酵母	yeast
発酵	fermentation
熟成・貯酒	conditioning

▲マイシェ

▲醸造の様子

5. ろ過工程

貯酒が終わったビールから、酵母などの固形分を取り除き、澄んだ液体にするために行われるのが「ろ過」工程です。濁りがなくなりクリアになるだけでなく、酵母を除去することで、ビールの品質を保持します。

ろ過

ビールのろ過は、**酵母とその他のビールの濁りの原因物質を取り除く工程**です。ビールのろ過は、長期間の保存中にビールに濁りなどの見た目の変化が起こらないように**品質を安定させる工程**ともいえます。

ろ過には、大きく分けて表面ろ過（サーフェスフィルター）と深層ろ過（デプスフィルター）、ケークろ過の3種類があります。表面ろ過は、主にフィルターの表面で酵母や濁りの原因物質を捕らえてろ過します。深層ろ過の場合は、フィルターの表面だけでなく、フィルターの内部でも原因物質を捕らえます。さらに、ろ過によってフィルターの表面に何層にも付着した固形物の層をケークと呼び、このケークがフィルターの役割を果たすものがケークろ過です。

ろ過の種類

⇩ビールの流れ　酵母や濁りの原因物質

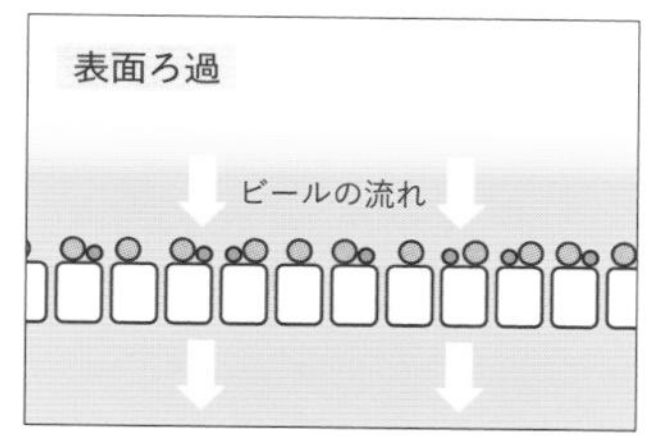

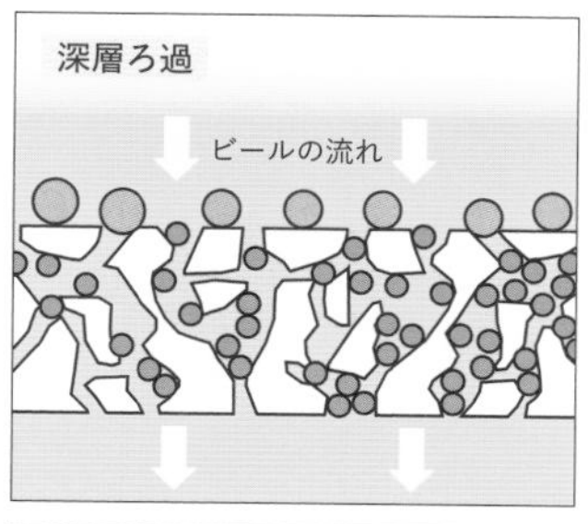

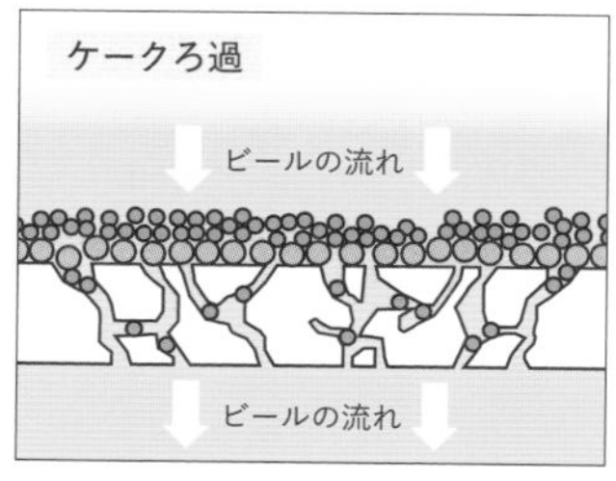

「ろ過」は英語で？
ろ過はフィルトレーション（filtration）です。

Q21: 貯酒が終わったビールから、酵母などの固形分を取り除く「ろ過」について、正しく説明しているものを、次の選択肢より選べ。（2級）
❶この場合の「ろ過」は「熱処理」と同義である
❷ルイ・パスツールが発明した技術である
❸ビールの品質安定性を高める
❹事前にビールを高温（70℃以上）の状態にする

A21:❸

Q22:「クロスフローろ過」の説明で、誤っているものを、次の選択肢より選べ。(3級)
❶珪藻土を用いるろ過方法である
❷チューブタイプのろ過膜を使用する
❸浄水器などにも使われる技術
❹ろ過性能の高さと目詰まりのしにくさが特徴

A22:❶

ビールのろ過方法には、珪藻土(けいそうど)を用いる方法や、合成繊維による網目を使ったフィルターや、1マイクロメートル以下の孔(あな)のあいた膜を使うメンブレンフィルターなどを使用する方法があります。生ビール(非熱処理ビール)の製造では、一次ろ過で珪藻土を利用して酵母や混濁物質を取り除き、二次ろ過でメンブレンフィルターを用いるのが一般的です。

近年では一次ろ過で珪藻土を使わないクロスフローろ過という方法も使用され始めています。浄水器などにも使われているろ過技術で、細いチューブタイプのろ過膜の表面にビールを平行に高速で流すことで、チューブ表面に残った酵母や混濁物質の蓄積を防ぎます。ろ過性能の高さと目詰まりのしにくさが特徴です。

クロスフローろ過

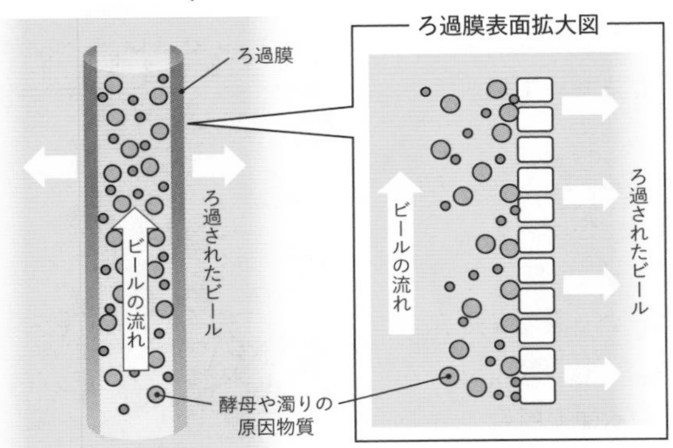

熱処理

熟成・貯酒の終わったビールは製品化するために、ろ過によって酵母を取り除くのが一般的ですが、熱処理によって酵母を死滅させるという方法もあります。

19世紀後半、ルイ・パスツールによる酵母と発酵の解明が行われるまで、ビールは殺菌・ろ過されずに出荷されていました。そのため長い間の保存がきかず、アルコール度数を強くするか、氷による冷却で品質を保持していました。

ビールの殺菌法が発明されて以降、ビールは熱処理によって製品化されるようになりました。しかし、現在は、ろ過技術が進歩した結果、熱処理をしないで、ろ過だけでつくる「生ビール」が主流となっています。

熱処理は、パスツールの名からパストリゼーションと呼ばれます。熱処理を行う方法は「トンネル・パストリゼーション」と「フラッシュ・パストリゼーション」の2種類があります。

トンネル・パストリゼーションは、すでにびんや缶などに詰めたビールを容器ごと殺菌するもので、徐々に温度を上げながら最終的に60°C以上で20分程度保持し、その後また徐々に温度を下げていく方法です。

一方、フラッシュ・パストリゼーションとは、容器に詰める前のビールを高熱（70°C以上）・短時間（数十秒）で殺菌し、その後また一気に温度を下げる方法です。この方法は、短時間、低コストで処理できますが、ビールを詰めるびんや缶をあらかじめ殺菌しておかなければなりません。そして、無菌状態での詰め作業が必要となります。大規模な施設が必要となるため、主に大手メーカーで導入されています。

生ビールとは？

生ビールとは「熱処理をしていないビール」のことです。ラベルに「生ビール」と表記する場合は、通常「非熱処理」と併記されています。

6.パッケージング工程

ろ過を終えたビールは、出荷されるために容器に詰められます。これをパッケージング工程といいます。パッケージングは大きく「びん詰」「缶詰」「樽詰」の3つに分けられます。

びん詰

日本の大手メーカーのビールびんの多くはリターナブルびんです。リターナブルビールびんは年間約3回転し、平均して8年間にわたってリユースされます。回収されたびんは、洗びん機を通し洗浄、殺菌されます。洗浄には苛性ソーダを使い、高温でびんに付着している汚れを分解洗浄するとともに、ラベルをはがします。洗浄・殺菌後に高圧の水で何度もすすぎを行います。洗浄が終わ

熱処理ビールの代表銘柄

現在でも熱処理ビールは製造されています。
代表銘柄としては、「キリンクラシックラガー」、「サッポロラガービール」（愛称「赤星」）があります。

基本のキ

リターナブルビールびん

リターナブルビールびんとは、再使用するために返却・回収ができるビールびんのことを意味します。日本の大手ビールメーカーは、国内で販売するビールのびん製品容器に、主としてリターナブルビールびんを使用しています。キリンは独自仕様のびんですが、アサヒ、サッポロ、サントリーの3社は同じ仕様のびん（大びん、中びん）を共同利用しています。

ると空びん検査機によって検査し、びん詰工程へと送られます。

びん詰は、**びん内の空気を炭酸ガスに置換し、加圧状態にして**行われます。炭酸ガスによる加圧は、充塡（じゅうてん）の際にビールを泡だらけにしないようにし、ビールの劣化の原因となる酸素を追い出すために行われます。

▲びん詰ライン

ビールは温度変化により液が膨張し、内圧が高くなることを防ぐため、びん上部に一定の空きを残して充塡されます。

BEER COLUMN

びんビールの箱

びんビールの流通に使用される箱のことを、業界ではP箱（ピーばこ）と呼んでいます。

これは「プラスチック製ビール通い箱」の略称で、大びん（633ml）、中びん（500ml）はそれぞれ20本入、小びん（334ml）は30本入となっています。ドイツで開発されたもので、日本では1965（昭和40）年に麒麟麦酒が最初に導入しました。それまでは、桟箱（さんばこ）と呼ばれる木製の箱が使われていました。桟箱に対しP箱は、①軽い、②堅牢で清潔、③中仕切りにより配送時の騒音や破びんが減少、④積み重ね可能、⑤店頭陳列効果がある等の利点があり、これによりビールの配送・保管といった物流面での合理化が大きく促進されました。

▲キリンビールのP箱
［1965（昭和40）年］

▲桟箱

缶詰

缶は市場から回収されるびんと違い、製缶会社から衛生的な状態で送られてきます。工場に届いた缶は洗浄され、**缶内の空気を炭酸ガスなどに置換**した後、ビールが充塡されます。

缶は蓋(ふた)と胴の2ピースにわかれており、缶胴にビールが充塡されると炭酸ガスを吹きかけて瞬間的に缶蓋の「巻締め」が行われます。巻締めとは、缶蓋の出っ張った部分と缶胴を巻き込んで、圧着することを指します。

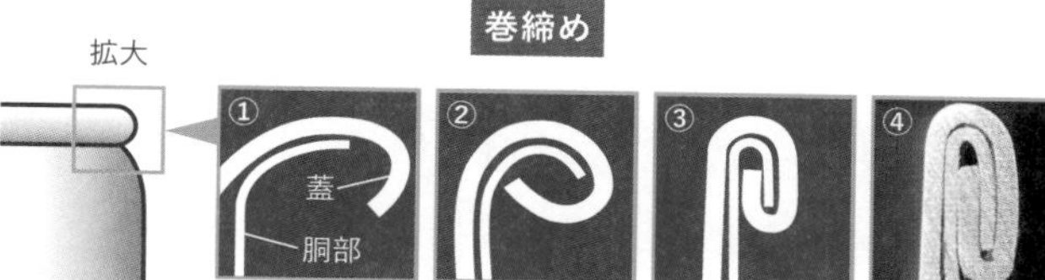

①蓋を胴部に乗せる
②蓋が胴を巻き込み始める
③仕上がりは完全に密着
④断面写真。蓋と胴が密着し、封がされている

ビールが充塡された缶は注入したビールが冷たいため、このまま段ボールに入れると缶の表面に結露を起こし、段ボールを濡らすため、一旦温水で常温まで戻してから箱詰めされます。

樽詰

▲樽詰ライン

ビールのステンレス樽はリターナブル容器で、びん以上に何回もリユースされます。工場では、回収されてくる樽の検査を行い、口金(くちがね)部品の耐用期間を過ぎたもの、口金の緩んでいるものを取り除きます。口金部と外面を洗浄した後、内面を洗浄・殺菌の上、**樽内を炭酸ガスや窒素ガスなどに置換**し、加圧してビールを充塡します。充塡された樽は、重量検査機、口金部の漏れ検査機などを通り、口金をキャップシールで包装します。

Q23:1965(昭和40)年に、日本で最初に「プラスチック製ビール通い箱」(P箱)を導入した会社を、次の選択肢より選べ。(3級)
❶アサヒ　❷サッポロ
❸キリン　❹サントリー

過去問

Q24:ビールのびん詰や缶詰は、容器内をある気体に置換して行われる。その気体を次の選択肢より選べ。(3級)
❶水素　❷酸素
❸炭酸ガス　❹フロンガス

サンケイ樽(サンケイステンレスビア樽)

サッポロビールは1970年代からイギリス・サンケイ社のステンレス樽への切り替えを進めました。それまで使用されていた木樽より、耐久性、サニタリー性が向上。製造面での自動化も進み、供給力が強化されました。また、飲食店での取り扱いも容易になり、樽生ビール市場の拡大につながりました。

A23:❸

A24:❸

ドラフトの意味

ドラフト(draft)には「引き出す」という意味があります。野球のドラフト会議は「優秀な人材を引き出す」、製図や原稿のドラフトは「頭の中の考えを引き出す」ということです。同様に、ドラフトビールとは「樽から引き出したビール」という意味です。

▲樽の口金

▲キャップシールで包装された状態

BEER COLUMN

「生ビール」の定義

▲「生ビール」を表示する場合は「非熱処理」である旨が併記される

日本では飲食店でジョッキなどで飲める樽詰ビールのことを「生ビール」と呼ぶ習慣が根強く、生ビールに対するものとして、びんビール、缶ビールととらえている人もいます。しかし、これは誤解です。生ビールの対義語は「熱処理ビール」なのです。

日本における生ビールの定義は「熱処理をしていないビール」です。かつてはびんの熱処理ビールが主流で、樽詰ビールだけが生ビールだった時代がありました。現在はろ過技術が進歩したため、ほとんどのビールが酵母をろ過によって除去した生ビールです。樽だけでなく、びんも缶も同じ銘柄なら中味は全て同じ生ビールなのです。

一方、樽詰ビールで生ビールではないものも存在します。輸入の樽詰ビールで「Pasteurized(パストライズド)」と書かれたものがありますが、これは熱処理の樽詰ビールです。英語では、樽詰ビールは keg beer 、樽から注出したビールは draft beer です。よって、熱処理の keg beer もあれば draft beer もあります。しかし、日本では生ビールの英訳として draft beer が使われてきました。生ビールの英訳は、正しくは unpasteurized beer(非熱処理ビール)です。

Part
2

ビールの
歴史

Chapter 4 ビールの世界史

5000年以上にわたるビールの歴史はヨーロッパで花開き、世界中へと広がっていきます。各地でさまざまな伝統と技術が生まれたビール。その長い道のりを紹介します。

1.古代

人類が初めて酒に出会ったのは、旧石器時代であると推測されています。保存していた果実や蜂蜜が偶然に発酵してできたものでしょう。一方、ビールは、農耕が始まった新石器時代以降に登場したと考えられています。

基本のキ

メソポタミアはどこ？
チグリス川・ユーフラテス川の流域一帯。現在でいえば、イラクを中心にシリア北東部・イラン南西部を含む場所です。

ビールの登場

紀元前8000〜7000年頃、大麦、小麦、豆類、根菜類による農耕文化がメソポタミアを含む「肥沃な三日月地帯」で生まれました。

ビール醸造に関する最古の文字の記録は、紀元前3000年頃の**メソポタミアのシュメール人**たちにより、くさび形文字で粘土板に刻まれました。この記録により、**ビールの歴史は5000年**といわれるのが通説になっています。

そこに、くさび形文字で記録されている醸造方法は以下のようなものでした。

①麦を発芽させて麦芽をつくり、乾燥させてから粉にする。
②できた粉からバッピルと呼ばれるパン（ビールブレッド）を焼く。
③パンを砕き、水を加えて混ぜ合わせ、固形物を取り除く。
④残った液体が野生酵母により自然に発酵してビールができあがる。

こうしてつくられたビールには、穀皮などの不純物が多く混ざっていました。そのため、次の写真のように、麦や葦（あし）の茎をストロ

過去問

Q1：紀元前3000年頃のメソポタミアで、ビール醸造に関する最古の文字記録を残した民族を次の選択肢より選べ。（3級）
❶ゲルマン人
❷ユダヤ人
❸エジプト人
❹シュメール人

A1：❹

ー状にして、不純物を避けながら甕に入ったビールを吸っていました。

当時のビールはシカルと呼ばれ、そのまま飲むだけでなく、薬草や蜂蜜を入れて薬や滋養食品としたり、神様へお供え物や賃金の現物支給にしたりしました。また、バッピルはそのまま保存できましたし、遠征時には糧食として携行し、生水の飲めない土地ではビールにして安全に飲むこともできました。

▲シュメール人がビールをストローで飲む様子（BC2600年頃の円筒印章に描かれたもの）

紀元前1800年代にシュメール人の国が滅び、その後を継いでバビロニアがこの地に栄えます。その頃は、各所に醸造所が建設され、今日のビアホールにあたる店も出現。紀元前1792年～1750年にバビロニアを統治した**ハムラビ王が発布した「ハムラビ法典」**にも、ビールにまつわる４つの条文が記されています。たとえば「ビール代は麦で受け取ること。銀で受け取ったり、ビールを少なく注いだり薄めたりしたら水責め」「尼僧がビアホールに飲みに行ったり、経営したりしたら火あぶり」など。ビールの売買は物々交換が原則であったようです。

また、紀元前7000年頃の中国河南省の陶片には、アルコール発酵飲料の痕跡が見つかっています。今後の研究次第では、最古のビールといわれるようになるかもしれません。

エジプトのビール

エジプトでもビールづくりは盛んでした。紀元前2700~2100年頃の古王国時代の墓の壁画にはシュメール人と同じく**パンを使ったビールづくり**が描かれています。

エジプトでは発酵させたパンを使うなど、独自の進化を遂げています。味つけにはルピナス、ウイキョウ、サフランなどが使われましたが、ホップはまだ登場していません。アルコール度が10%と高いビールもあったようです。商売としてのビール醸造所が全

Q2: 紀元前3000年頃、メソポタミアのシュメール人により、バッピルという麦芽のパンからつくられていたビールは何と呼ばれていたか、次の選択肢から選べ。（3級）
❶シカル　❷セリア
❸ルピナス　❹ベウロ

円筒印章
古代メソポタミアで使用されたもので、小さな円筒形石材の曲面に文様を彫りこんだ印章。シリンダー・シールとも呼び，生乾きの粘土板文書の上にころがして使います。

Q3: ハムラビ法典の条文によれば、当時のビール代は何で支払われていたか、次の選択肢より選べ。（３級）
❶麦　❷銀　❸パン　❹豆

A2:❶

A3:❶

過去問

Q4:古代エジプトで「ビールがピラミッドをつくった」といわれる理由は何か。最も適切なものを、次の選択肢より選べ。(3級)
❶石を運ぶ丸太の潤滑剤にビールが使われたから
❷ビールの税金が建設資金となったから
❸ビール好きの国王が建設を命じたから
❹労働者の疲労回復飲料としてビールが配給されたから

A4:❹

土にある一方、貧富の別なく自分の家でもビールをつくっていました。

また、ピラミッド建造の労働者にはビールが配給されました。麦由来の糖類、酵母のビタミンやミネラルなどがたっぷり含まれているため、労働者向けの疲労回復飲料だったのです。そのため「**ビールがピラミッドをつくった**」ともいわれています。

▲古代エジプトのパンを使ったビールづくりの図(ケンアメンの墓の壁画)

ギリシャ・ローマのビール

ギリシャ・ローマ時代に中心となった酒はワインであり、**ビールは下等な酒**と思われていました。それはブドウの栽培とワイン醸造の技術があったことと、ビールはギリシャ・ローマに征服された民族が主に飲んでいたためです。それでも、ギリシャにはわずかながらエジプト産ビールが輸入されていました。

紀元前300年頃のローマ時代には、属州となったガリアやイベリア半島に住んでいたケルト人たちが盛んにビールをつくっていました。特にイベリア半島のビールは**セリア**や**セレヴィジア**と呼ばれ、これが現在のスペイン語でビールを表す「セルベッサ」や、ビール酵母の学名である「サッカロマイセス・セレビシエ」の語源になりました。

ゲルマン人とビール

紀元前500年頃から一部の古代ゲルマン人たちが穀物を栽培し、ビールづくりを始めました。その手法はシュメールやエジプトとは異なり、**パン(ビールブレッド)を経由しない**という点で現代と共通しています。大麦や小麦の麦芽を砕いた後、パンにせずにそのまま鍋で煮て麦汁をつくります。そこに空中から野生酵母が飛び込むことで自然発酵するのを待つのです。

古代ゲルマン人が生活していた地域の自然環境は大変厳しく、特に冬の寒さをしのぐためにも、酒は生活必需品でした。蜂蜜酒と同時にビールも醸造され、ローマの歴史家である**タキトゥスが記した『ゲルマニア』**の中には、「飲料は大麦、もしくは小麦からつくられ、いくぶんワインに似た液がある」と書かれています。当時はビールの味つけに、ヤチヤナギなどが利用されていたようで、ホップはまだ使われていませんでした。

ビールづくりをはじめ、多くの労働は女性が担当していました。麦汁を煮る鍋は必需品なので、嫁入り道具か結婚祝いの品になっていたようです。男性は狩猟と戦争以外は働かず、野牛の角でできた杯に注がれたビールを回し飲みして、集団の結束を高めるための宴会に明け暮れていました。

一方、ローマ帝国では酒の主流はワインであり、ビールはゲルマン人が飲む下等で野蛮な飲み物だと、見下していました。

Q5：紀元前6世紀頃からの古代ゲルマン人によるビールづくりに関して、誤っているものを次の選択肢より選べ。（3級）
❶ビールブレッドを経由しないビールづくりを行っていた
❷男たちは野牛の角でできた杯でビールを回し飲みしていた
❸ビールづくりに関しては、主に男性が担当していた
❹ローマの歴史家タキトゥスが執筆した『ゲルマニア』にはビール関する記述がある

A5：❸

2. 中 世

375年、ゲルマン民族はヨーロッパ各地に大移動を始めました。4世紀から6世紀に及ぶ約200年の大移動で、ビールづくりは、彼らとともにヨーロッパ各地に広まっていきます。ビールは技術的にも著しく進歩し、一般の市民にも広く飲まれるようになりました。

カール大帝が広めたビール

ゲルマン民族の大移動が収束して定住化が進む中、中世ヨーロッパの封建制社会と、農村社会の基盤となる荘園制度を築いていったのはフランク王国でした。

8世紀頃、**フランク王国のカール大帝**は征服した土地の住民をキリスト教に改宗させ、支配拠点として次々と教会や修道院を建設しました。また「荘園令」という指針を出し、その中で、各荘園にビール醸造所を設置するよう命じています。その原料は荘園の

♥のキング

トランプの「♥のキング」のモデルはカール大帝です。ちなみに、「♠のキング」はダビデ王、「♦のキング」はジュリアス・シーザー、そして「♣のキング」はアレクサンダー大王です。これらは16世紀頃のフランスで各絵札に伝説上の偉人を当てはめたのが由来とされています。

農民たちがつくる麦であり、ビールのつくり手も賦役(ふえき)を課せられた農民たちでした。

しかし賦役の際にはビールが振る舞われることがあり、農民たちはそれを楽しみにしていました。また、荘園令では、修道院もビール醸造設備を持つように定められます。

この時代の水は不衛生でしたが、水を煮沸してつくるビールは**安全な飲み物**でした。ビールは伝染病から命を守る神の恵みとして、修道院の賓客、巡礼者、修道士たちの喉を潤しました。こうしてカール大帝はビール醸造を広め、ワインより低く見られていたビールの地位は向上したのです。

修道院と都市のビール

中世ヨーロッパでは、教会や修道院が領地の寄進を受けて領主となり、世俗的な権力を高めていきます。当時、キリスト教ではワインは「キリストの血」、パンは「キリストの肉」とされていましたが、ビールも「液体のパン」として重要視され、修道士の間で盛んにビールづくりが行われるようになります。

修道士たちは四旬節(しじゅんせつ)の期間は、日曜を除く40日間の断食を強いられましたが、飢えと寒さをしのぐために、ビールを飲むことだけは許されていました。ビタミン、ミネラルなど栄養価の高いビールはまさに「液体のパン」だったわけです。

修道院はまた、巡礼者が無料で泊まれる宿舎でもあり、多くの人々に、食事とともに、水に代わる安全な飲み物として、ビールを提供しなければなりませんでした。このようなビール需要に対応するため、修道院内にはビール醸造所が設けられるようになります。

たとえば、9世紀、ヨーロッパで最大規模を誇ったスイスのザンクト・ガレン修道院には、麦の発芽、麦芽の乾燥、仕込、発酵、冷却などの工程ごとに部屋を分けるなど、現在に近い工場の設計図が残されています。

また、ドイツ・ミュンヘン郊外の修道院に1040年に創立されたヴァイエンシュテファン醸造所は現存する世界最古のビール醸造所で、現在もバイエルン州が保有してビールを醸造しています。

修道院の建物は1852年からはヴァイエンシュテファン中央農学校、1895年からはミュンヘン工科大学ビール醸造学部となっています。

▲ヴァイエンシュテファン醸造所

中世前期は荘園内の自給自足型経済でしたが、やがて市場や商人・手工業者を核に中世都市が生まれます。領主や修道院の特権であったビール醸造権は、12世紀には都市にも与えられるようになり、都市に税を納めて免許を取得したビール醸造業者が生まれます。業者同士の競争回避のために同業者組合(手工業ギルド、ツンフト)がつくられ、ビールでは生産調整や上限価格が決められて、徒弟制度も敷かれました。そして修道院が伝道や慈善のためにビールを販売し始めたため、都市の業者としばしば紛争を起こすようになります。

また、同業者組合では品質検査も行いました。木のベンチにビールを注いで鹿革のズボンで座り、一定時間の後に立ち上がったときにズボンが貼りつくかどうか、という風変わりな検査もあり、貼りつかないとエキス分が少ないビールとして廃棄を命じられたりしました。

Q6: ドイツ・ミュンヘン郊外の修道院に1040年に創立された、現存する世界最古のビール醸造所の名前を、次の選択肢より選べ。(3級)
❶ヴァイエンシュテファン醸造所
❷シュパーテン醸造所
❸ヴェルテンブルク醸造所
❹シュレンケルラ醸造所

グルートとホップ

ビールの腐敗防止や香味づけには古代から薬草などが用いられており、中世ヨーロッパでも薬草などを独自に配合したグルートが使われました。グルートの材料はヤチヤナギ、アニス、フェンネル、コリアンダー、セイヨウノコギリソウなどとされますが、その配合と製法は秘密だったため、文献などはほとんど残っていません。

グルートの製造は領主、修道院、都市などが独占し、ビール醸造業者に販売して利益を得ていました。これをグルート権と呼びます。また都市の一定地域内では、指定されたグルートを使ったビールしか販売できなかったため、グルート権はビール醸造権と

過去問

Q7: 中世ヨーロッパでビールの腐敗防止や香味づけのために、ハーブ類を配合したものが使われていた。その名称を、次の選択肢より選べ。(3級)
❶グルート　❷ツンフト
❸フェンネル　❹ヴァイス

A6: ❶

A7: ❶

ヒルデガルド

12世紀初頭、ホップをビールに添加するという画期的な実験を行ったのは女性でした。ドイツ南部ビンゲンの女子修道院長でありドイツ薬草学の祖と称されるヒルデガルドです。

▲神から啓示を受けるヒルデガルド（ヒルデガルドの著書『道を知れ』の挿絵）

ガンブリヌス

ガンブリヌスは、中世のドイツやフランドル地方でビールの醸造法を考案し、ホップの使用を教えたと伝えられた人物で、「ビールの王様」として多くの醸造所やビアホールにその像や画が飾られています。実在した人物かは定かではなく諸説あります。

▲ドイツ製のジョッキに描かれたガンブリヌス

並んで都市の大きな財源でした。

一方、ホップは古代エジプトからハーブとして知られており、ヨーロッパでも８世紀以降には複数の修道院にホップ園がありました。ビールのためにホップが使用された記録は12世紀以降に現れますが、主流となったのは15世紀からと考えられています。

ハンザ同盟（北欧の商業圏を支配した北ドイツの都市同盟）の貿易中継都市として栄えたハンブルクでは、14〜15世紀頃、ビールの輸出が盛んに行われました。このときホップを使用したビールの優れた腐敗防止効果が確認され、次第にホップの使用が浸透していきます。グルート権で利益を得ていた人たちからは妨害工作も起こりますが、味や耐久性などでホップが優っていたため、グルートビールは衰退していきました。

ラガービールの誕生

中世ドイツのビールづくりは、腐敗しやすい夏を避け、だいたい９月から翌年３月までに行われていました。しかし、厳寒期には発酵が止まることもあって苦労していました。

15世紀、ドイツ南部のバイエルンで、凍りそうな低温でも発酵が止まらない事例が見つかりました。しかも低温で貯蔵したほうがマイルドな味わいになると気づきます。そこで秋の終わりにビールを仕込み、洞窟や氷室で春まで貯蔵する方法が確立しました。これによって**ラガービールが誕生**しました。ラガーとは、ドイツ語で「貯蔵する」という意味の「ラーゲルン」(largern) からきた言葉です。

ラガービールは、発酵後に酵母が沈むことから下面発酵ビールとも呼ばれます。それまでの上面発酵ビールに比べて品質が安定しており、しかも風味が穏やかであったため、他の地域にも広がっていきました。

たとえば、北ドイツのアインベックのビールは、もともと麦芽量が多く高アルコールでしたが、下面発酵と長期熟成の手法を取り入れて、濃醇で長期保存が可能なボックに発展します。

ビール純粋令（Reinheitsgebot（ラインハイツゲボート））

1516年、ドイツ南部に位置する**バイエルン公国の君主ヴィルヘルム４世**が「**ビールは大麦、ホップ、水のみを原料とすべし**」というビール純粋令を出します。当時のバイエルンでは、大麦に他の穀物を混ぜられたりして、品質が安定しませんでした。そこで定評のある北ドイツのアインベックのビールに追いつくため、ビールの原料を制限することを法律で定めたのです。これは食品の品質保証の法律として世界最古の１つだといわれています。これでグルートは完全に姿を消します。そしてホップはビール醸造に不可欠な原料として、栽培が進んでいきました。

ビール純粋令のもう１つの目的は食糧政策です。不作の年には小麦やライ麦がパンづくりに優先されるよう、ビール醸造家たちを締め出したのです。ちなみに、小麦を使うヴァイツェンは、領主直営の醸造所だけが例外として独占醸造していました。**ヴァイツェンが「貴族のビール」**と呼ばれるのはこのことに由来しています。

▲「ビール純粋令」のレプリカポスター

過去問

Q8:1516年、「ビールは大麦、ホップ、水のみを原料とすべし」という内容の「ビール純粋令」を出したバイエルン公国の君主を、次の選択肢より選べ。（３級）
❶ヴィルヘルム4世
❷ルートヴィヒ4世
❸アルブレヒト4世
❹ハインリヒ4世

知っトク

5世紀続くビール純粋令

バイエルン生まれのビール純粋令は、5世紀を経た現在でもドイツ全土で適用されています。輸出・輸入ビールは適用外になりましたが、ドイツ国内の多くの醸造所では品質と歴史を重んじ、今もビール純粋令を遵守しています。

イギリスのエールとビール

古来、イギリスには麦芽を使った醸造酒に対して、**エールとビール**という言葉があり、時代とともにその意味合いは変化していきました。中世以前はビールより、キヅタなどで強く香味づけされたエールが主流でした。ホップはまだ使われていません。

９世紀にはエールハウスという居酒屋が広がりますが、一方では主婦による自家醸造も盛んでした。主婦がエールハウスを経営することもあり、エールワイフと呼ばれて人気を博しました。エールは婚礼の祝い酒でもあり、花嫁のエール（ブライド・エール）は「ブライダル」の語源となりました。

12世紀頃からの中世都市の発達につれて、専業のビール醸造

A8:❶

業者が現れます。修道院でも盛んにビール醸造が行われ、ビールは生活に密着した酒となっていきました。

15世紀にフランダースから初めてホップ入りのビールが輸入されました。当時はホップの入っていないものをエール、ホップ入りのものはビールと呼んで区別していました。慣れ親しんだ香味へのこだわりとグルートの利権により、イギリスでホップが普及するのは17世紀以降です。

1697年にビール麦芽への課税が始まったため、醸造家たちは麦芽を減らしてホップを増やした**ペールエール**をつくり出します。18世紀初頭に、ペールエール、若いブラウンエール、熟成したブラウンエールを混ぜた**スリースレッド**という飲み方が流行。1722年に、ロンドンのパブ・オーナーであるラルフ・ハーウッドが、スリースレッドの味わいを再現した**エンタイア**を販売し大人気に。これが「**ポーター**」と呼ばれるようになったといわれていますが、諸説あります。

その後、ポーターは海を渡ったアイルランドで進化を遂げます。1759年にアイルランド・ダブリンでギネス社を創業した**アーサー・ギネス**は、ロンドン産ポーターの人気に目をつけ、独自のレシピを作り上げます。麦芽にかけられていた税負担を軽減するために、原料の一部に麦芽化していないローステッド・バーレイを使用。色がより濃く、アルコール度数も高く、香ばしい苦味を持ったこのポーターは、「**スタウト・ポーター**」と呼ばれ、やがて「**スタウト**」と呼ばれるようになります。

▲ウィリアム・ホガース「ビール通り」(1751年)
ロンドンの人々がビールを飲み楽しんでいる様子が描かれている

19世紀に入るとペールエールが主流となる一方でポーターは衰退し、代わりにスタウトが根強い人気を得るようになりました。

過去問

Q9:アイルランド発祥のビアスタイル「スタウト」の意味を、次の選択肢より選べ。(2級)
❶古い　❷強い
❸淡い　❹暗い

知っトク

ジン横丁
イギリスの画家ウィリアム・ホガースの作品「ビール通り」には対になる「ジン横丁」があります。当時下層階級の間で広がるジンによる社会問題を改善しようと描かれた作品。繁栄を謳歌するビール通りと退廃的で貧苦にあえぐジン横丁が対照的に描かれています。

A9:❷

3.近 代

近代に入ってビール醸造にも技術革新が起こりました。リンデのアンモニア冷凍機、パスツールの低温殺菌法、ハンセンの酵母純粋培養法などが登場し、これらの画期的な発明によりビール醸造は急激に進化していくのです。

産業革命や科学機器による革新

18世紀のイギリスの産業革命はビール醸造の機械化を進め、生産規模は飛躍的に増大しました。1781年にボールトン・ワット商会が発売した蒸気機関は多くのビール醸造所に導入され、馬に代わって水汲みや麦芽粉砕に活用されました。1787年にはジェームス・ワルカーが蒸気機関による麦汁攪拌機（ばくじゅうかくはんき）を考案します。麦や麦芽の運搬にも蒸気機関が使われました。

ギネス記録
ギネス社は、1955年に『ギネスブック・オブ・レコーズ』(現『ギネスワールドレコーズ』)を発行したことでも知られています。

BEER COLUMN

ビールの語源

英語ではbeer（ビア）、ドイツ語やオランダ語ではbier（ビーア）、フランス語ではbiere（ビエール）。これらビールを表す言葉の語源は何でしょうか。諸説ありますが、その中で有力な説の１つは、「飲む」を意味するラテン語のbibere（ビベール）が語源であるというものです。ビールのフランス語がbiere（ビエール）であることをみると、近い言葉であると感じられます。他には、ゲルマン語で「大麦・穀物」を指すbeuro（ベウロ）が語源だという説もあります。

日本語のビールの発音については、18世紀後半に江戸で盛んになった蘭学によって紹介されており、オランダ語に由来すると考えられています。最初にビールが登場する日本の文献は1724（享保9）年の『阿蘭陀問答』ですが、そこでは「ヒイル」と記されています。

過去問

Q10:18世紀半ばからビール中のタンパク質や酵母を凝固・沈殿させるために使用され始めたものは何か、次の選択肢より選べ。（2級）
❶アイシングラス
❷液体アンモニア
❸グルート
❹コーン

科学機器もビール醸造に革新をもたらします。1780年代には、温度管理に温度計が使われ始めます。1785年には、サッカロメーター（検糖計）が工程ごとのエキス分の管理に有用であるという、ジェームス・バーバーストックの研究が発表されて普及します。ビールの濁りを布でろ過する工程でも、18世紀半ばからアイシングラス（魚の浮きぶくろ由来のゼラチン）でビール中のタンパク質や酵母を凝固・沈殿させるようになりました。

ピルスナーの誕生

過去問

Q11:「ピルスナー・ウルケル」に関する説明として誤っているものを、次の選択肢より選べ。（2級）
❶麦芽100％の下面発酵ビールである
❷世界初のピルスナービールである
❸ウルケルはドイツ語で「元祖」という意味である
❹チェコのプラハで誕生したビールである

1830年代までボヘミア（現チェコ西部）のビールは上面発酵でした。常温醸造による雑菌混入や変質が多かったので、ピルゼン市では新たに市民醸造所を建設して下面発酵の導入を計画します。そこにミュンヘンから醸造技師ヨーゼフ・グロルが招かれました。1842年、ミュンヘンタイプの濃色ビールが期待されましたが、グロルの指導で誕生したのは透明かつ黄金色で純白の泡がまぶしく爽快なのどごしのビールでした。これがピルスナーです。黄金色を生んだ要因は、ヨーロッパには珍しく**ピルゼンの水質が軟水であったこと**と、最新の熱風麦芽乾燥設備で生まれた淡色麦芽によるものでした。

知っトク

チェコのピルゼン市
ピルゼン（Pisen）はドイツ語読みの発音です。チェコ語ではプルゼニュ（Plzeň）になります。

ちょうどその頃から、陶製ビアマグに代わって透明なボヘミア・ガラスのビアグラスが出回るようになり、人々はビールの「色」に触れることになり、黄金色のピルスナーは大評判となります。多くの類似品が生まれますが、これに対してピルゼン市民醸造所はピルゼン以外で醸造しないように訴訟を起こします。裁判所はすでに一般名詞化していると訴えを却下しましたが、ピルゼン以外の醸造家はPILSNERにEを足してPILSENERとしたり、PILSと簡略化する措置を講じました。

▲マネ「カフェ・コンセールの片隅」（1879年頃）
ジョッキに入った黄金色のビールが描かれている

A10:❶
A11:❹

こうしてピルスナーは短期間に世界中に広まり、現在のビールの主流となっていきます。

リンデのアンモニア冷凍機

下面発酵は低温発酵・低温熟成であり、低温を維持する仕組みが必要です。人工の冷却装置が発明されるまでは、寒冷な地方で冬季に仕込んだり、洞窟や氷室などで貯蔵したり、雪や氷を遠くから運んだりしていました。

また醸造所内の殺菌も行き届かず、ビールのろ過装置も不完全だったため、どの工程でも野生酵母や雑菌による変質の危険がありました。そのためバイエルンでは、19世紀に入っても醸造期間は９月29日から翌年の４月23日に制限されていました。

食品保存のための研究が進む中、1873年にドイツのカール・フォン・リンデによって**液体アンモニアを使った冷凍機が発明**されました。天然氷の入手に奔走していたビール醸造所は、すぐ導入を始めました。ついにビールは季節を問わず醸造できるようになったのです。

Q12: アンモニア冷凍機は「近代ビールの三大発明」の１つといわれているが、1873年にそれを発明した人物の名前を、次の選択肢より選べ。（３級）

❶ルイ・パスツール
❷ヨーゼフ・グロル
❸カール・フォン・リンデ
❹エミール・クリスチャン・ハンセン

パスツールの低温殺菌法

発酵や腐敗は微生物によって起きると解明したのは、フランスのルイ・パスツールです。1866年、パスツールは微生物の働きを止めてワインの変質を防ぐ、**低温殺菌法を発明**しました。さらに1876年「ビールに関する研究」を発表し、ビールでも低温殺菌法が応用できるとしました。今日では、低温殺菌法はパスツールの名からパストリゼーションと呼ばれ、ビール以外に牛乳などの製造にも広く使われています。

この低温殺菌法は、ビールの保存期間や輸送範囲を画期的に広げました。それまでは「ビールは醸造場の煙突が見えるところで飲め」（ドイツの古いことわざ）といわれたように、つくられた場所の近くでしか香りや味が保てなかったのですが、これでビールは製造場所にかかわらず、どこでも飲めるようになりました。

低温殺菌法

日本では、パスツールに先立つこと300年、1560年頃に日本酒において同様の手法が経験的に生み出され、以来、「火入れ」として行われてきました。牛乳にもこの手法を採用した「低温殺菌牛乳」がありますが、パスツールの名から「パスチャライズド牛乳」とも呼ばれています。

A12:❸

ハンセンの酵母純粋培養法

1883年、**デンマークのカールスバーグ研究所**でエミール・クリスチャン・ハンセンが、1つの酵母を分離して増殖させる「**酵母純粋培養法」を発明**しました。これは、ビールにとって好ましい性質の酵母だけを確保する方法です。

さらにハンセンは、キューレと「ハンセン・キューレの酵母純粋培養装置」を考案し、純粋培養を実用化します。カールスバーグ醸造所がこの装置を導入した結果、均一で良質のビールができました。それまでのビール醸造は、熟練した職人がひと桶ごとに発酵の進捗状況を見ていたのですが、この純粋培養法の採用により、職人の経験や勘から脱し、近代的な大量生産への道が開かれました。ビールが、安く大量につくれる端緒となったのです。

ビールをいつでもつくれるようにした「冷凍機」、どこへでも運べるようにした「低温殺菌法」、安価に大量につくれるようにした「酵母純粋培養法」の3つは、**近代ビールの三大発明**と呼ばれています。

過去問

Q13：以下の(1)〜(3)から導き出される出来事を、次の選択肢より選べ。(2級)
(1) デンマークのカールスバーグ研究所で発明される
(2) キューレとともに装置を考案した
(3) ビールが安価で大量につくれるようになった
❶ハンセンが酵母純粋培養法を発明
❷ジェームス・ワルカーが麦汁攪拌機を発明
❸ペインターが王冠製造機を発明
❹リンデがアンモニア冷凍機を発明

A13：❶

アメリカで広まったびんビール

14世紀のイギリスに「徴兵を逃れる際にエールをびん詰にして隠しておいたら、数年後には熟成しておいしくなっていた」という逸話がありました。このことから初期のびん詰の目的は熟成だったことが推察されます。

長期保存・輸送の際の品質保持という目的でのびん詰は、さらに後のことになります。1650年頃からコルク栓が普及し、ワインやビールにもガラスびんが使われ始めます。食品のびん詰は1804年にアペールが発明し、缶詰は1810年にデュランが発明しました。ビールのびん詰は、1892年に**ペインターが王冠を発明**してびん詰作業の機械化が始まり、1903年に**オーエンスが自動製びん機を発明**したことなどにより、ようやく進んでいきます。

アメリカは国土が広く輸送距離が長いので、低温殺菌したびん詰ビールが重宝されました。1920年から1933年までの禁酒法でビール醸造も中断されますが、この法律が廃止されてすぐの1935年には、アメリカのクルーガー社が世界で初めて缶入りのビールを発売しました。

▲日本で最初に導入されたオーエンス式自動製びん機（日本硝子工業、1916年）

Q14:びんビールに使われる王冠のひだの数は、ほぼ統一されているが、その数を次の選択肢より選べ。（3級）
❶19　❷20　❸21　❹22

A14:❸

BEER COLUMN

王冠の歴史

1892年、アメリカで使い捨ての新しい栓が開発されました。開発者のウィリアム・ペインターが、その形状から「クラウン・コルク」と呼んだ王冠栓です。

日本では明治初期のビールにはコルク栓が使われていました。王冠栓が日本で最初に採用されたのは1900（明治33）年のことでしたが、当時は製びん技術が未熟でびん口の寸法が不ぞろいだったため、王冠栓を取りつけるとガス漏れやびんの割れが発生しました。その後、製びん技術が向上し、大正時代になって王冠栓のビールが主流になりました。

ところで、びんビールの王冠のひだの数は、いくつあるかご存じですか。現在、**ほぼ21で統一**されています。王冠のひだの締めつける力は、炭酸ガスや液体が漏れないように強く、しかしながら開けたいときには誰でも開けられる程度でなくてはなりません。物を支えるには３点が最も安定するという力学の知恵があります。それを利用して３の倍数を基準に試行錯誤がなされ、現在の「21」になりました。ちなみに、王冠のひだの正式名称は「スカート」といいます。

4. 現代

ビール誕生から5000年、現代では多様なビールのつくり方、飲まれ方がなされています。ビールは各国の文化や風土の影響を受け、また科学技術の進歩もあって多種多様な発展を遂げ、今日でも進化し続けています。

禁酒運動の影響

アメリカの禁酒運動は、開拓時代に安い蒸留酒が広まってアルコール依存症が社会問題となった頃から始まります。19世紀後半には、女性クリスチャン禁酒連盟などが各地の運動を組織化して、禁酒法を目指す政治運動に変わります。

▲ニュージャージー州における禁酒法反対デモ（1931年）

第一次世界大戦によって禁酒運動は加速し、1920年に禁酒法が施行されました。ビールはアルコール度0.5%未満のニア・ビアだけが許されました。1910年には1,500社以上あったビール会社は、同法制定時には600社を割ります。その後、禁酒法は、密輸入や密造、秘密酒場などでギャングを儲けさせるだけだという批判が起こり、1933年には禁酒法廃止の第1弾としてアルコール度3.2%までのビールが許可されました。同年末に禁酒法は廃止されますが、1933年時点でアメリカ国内のビール会社は133社にまで激減していました。

イギリスでは19世紀後半から禁酒運動が勢いを増し、第一次世界大戦時にはビールの増税やパブの営業時間短縮などの規制策が敷かれます。ビール消費は減少し、多くの醸造所が廃業しました。しかし第二次世界大戦では、ビールとパブがイギリスらしさの象徴として宣伝されます。戦後の復興からビールの消費は増加に転じ、家庭用のびん詰や缶詰のビールも増加します。その結果、イギリスのビール業界は、バス社、アライド社、ウィットブレッド

知っトク

ブートレグ（bootleg）
アメリカの禁酒法時代の「密造酒」を意味します。これは脛（leg）まで覆う丈が長いブーツ（boot）に密造酒を隠して運んだことに由来。転じて、現在では、レコードやCD、DVD等の「海賊盤」の意味で使われることがあります。

過去問

Q15：アメリカでは、第一次世界大戦によって禁酒運動は加速し、1920年に禁酒法が施行された。この時、禁止を免れた低アルコールビールを、次の選択肢より選べ。（3級）
❶オフ・ビア
❷ドライ・ビア
❸ニア・ビア
❹ゼロ・ビア

A15：❸

社など、「ビッグ・シックス」が7割を占める寡占体制に変わっていくのです。

アメリカの寡占化

1876年にアメリカ・セントルイスで生まれた「バドワイザー」は、アンハイザー・ブッシュ社（以下、AB社）の主力商品として成長し、1901年に全米首位となります。低温殺菌法の早期導入や、鉄道の側に冷蔵倉庫を建てて冷蔵コンテナで全米に届ける品質保持可能な輸送体制が首位奪取の原動力でした。禁酒法で地元醸造所が廃業した地域には、禁酒法廃止後にバドワイザーが浸透します。

シュリッツ社は1871年のシカゴ大火の際に、無償で「シュリッツ」を大量供給して人気ブランドになります。1947年に同社が全米首位になったときのシェアは4.6%でした。2位は「ブルーリボン」を擁するパブスト社で4.2%、3位のAB社は4.1%でした。1960年代までは、この3社を中心に大手が勢力を伸ばしていきます。

1973年発売の「ミラー・ライト」は低カロリーでブームを起こし、ミラー社が全米2位に上昇。そして、80年代後半から「クアーズ」が全米に供給網を広げます。

1991年のシェアは1位AB社46%、2位ミラー社23%、3位クアーズ社10%となり、首位独走、上位寡占という構造ができあがりました。こうした動きが味を画一化し、米国ビールは飲みやすい淡色ピルスナータイプが圧倒的になっていきました。

国際的ブランドの誕生

欧米列強の帝国主義的な世界進出に伴い、海外生産量が母国をしのぐ国際的ブランドがヨーロッパに誕生します。

1864年にオランダでジェラール・アドリアン・ハイネケンが創業したハイネケン社は、1900年のアフリカ輸出を皮切りに、アメリカ、アジアなど海外進出に注力します。輸出、ライセンス生産、現地企業との合弁など、多様な手法で販売地域を広げました。

デンマークで1847年にヤコブ・クリスチャン・ヤコブセンが創

Q16：世界的なビールブランドであるハイネケンが誕生した国を、次の選択肢より選べ。（3級）
❶オランダ
❷ベルギー
❸デンマーク
❹アメリカ

A16：❶

業したカールスバーグ社は、酵母純粋培養技術を確立し、科学的管理手法で品質向上と大規模生産を可能にしました。1930年代から英国向けなどの輸出を強化し、60年代にはアフリカなど海外に生産拠点を持ち始めます。90年代には中国に本格進出しアジアへの拠点としました。

▲ポスターのレプリカ

スタウトの代名詞「ギネス」は、1759年にアーサー・ギネスによってアイルランドで誕生します。19世紀にはポーターを強化したスタウト・ポーターが英国で人気となり、英国船によって世界に運ばれます。1929年には有名な広告コピー「ギネス・イズ・グッド・フォー・ユー」が生まれ、世界中で1日200万杯も飲まれるようになりました。ギネス社は1960年代のアフリカ進出を手始めに、次々と海外醸造所を建てました。

ベルジャンホワイト（ベルギーの白ビール）の復活

オレンジピールとコリアンダーの香りが特徴的なベルジャンホワイトは、15世紀から**ベルギーのヒューガルデン村**で醸造されてきました。19世紀には、人口わずか2千人程のヒューガルデン村に最大35ものビール醸造所があり、すべての醸造所でホワイトビールがつくられていました。しかし、20世紀に入ると、ピルスナーの勢いや酒税の引き上げの影響を受け、醸造所は次々に閉鎖。1957年にはついに最後のホワイトビール醸造所が閉鎖されてしまいます。

それからしばらくたった1966年、当時地元の牛乳屋だったピエール・セリスが、醸造所を設立しホワイトビールの醸造に着手します。そこでつくられた「ヒューガルデンホワイト」の噂は瞬く間に広まり、

▲専用グラスに注がれたヒューガルデンホワイト

過去問

Q17:一度絶滅したベルジャンホワイトを1966年に復活させ、「ヒューガルデン ホワイトの生みの親」とも呼ばれる人物を、次の選択肢より選べ。（3級）
❶ピエール・セリス
❷ヤコブ・クリスチャン・ヤコブセン
❸フリッツ・メイタグ
❹アーサー・ギネス

過去問

Q18:ベルギーホワイトビールの代表銘柄「ヒューガルデン ホワイト」の「ヒューガルデン」は何の名称に由来するか。次の選択肢より選べ。（2級）
❶村　❷小麦品種
❸開発者　❹山

A17:❶

A18:❶

世界中から人気を得ました。こうして消滅していたビアスタイルが復活し、今日ではベルジャンホワイトのお手本ともされ、多くのクラフトブルワリーでつくられています。

マイケル・ジャクソンとベルギービールの再発見

世界のビール会社が資本統合されていく時代において、多様なビールが大切に受け継がれる文化があることを世界に知らしめた人物が、イギリスのビール・ウイスキー評論家マイケル・ジャクソンでした。1977年に『The World Guide to Beer』を出版してベルギービールを世界に紹介し、ピルスナーやエールとは異なる多様なビールの味わいに人々の目を開かせたのです。その後も、ビールに関する本を多数執筆しました。1989年からは世界15か国で放映された「THE BEER HUNTER」というテレビシリーズで世界各地のビールを紹介しました。これが反響を呼び「ビアハンター」は彼の敬称にもなりました。イギリスのCAMRAやアメリカや日本のクラフトブルワーなどにも影響を与えています。

▲『The World Guide to Beer』（1977年）

真のエールを守った市民運動CAMRA（カムラ）

イギリスでは、地元のビール醸造者が木の樽（カスク）に詰めたエールをパブに供給していました。カスクの中で二次発酵が行われるのが最大の特徴で、パブの主人は一樽ごとに熟成加減を確認しながら、飲み頃になったエールを客に出します。

しかし、1960年代からイギリスではビール業界の寡占化が進み、パブでも大手メーカーの工場で完成されたビールを金属の樽（ケグ）に詰めただけのケグ・ビアが提供されることが増えました。その結果、**伝統的なカスク・ビア（カスク・コンディションド・エール**

マイケル・ジャクソン
アメリカの著名ミュージシャンと同姓同名であることから、彼の最初の挨拶はいつもお決まりの「私は歌いも踊りもしませんよ」でした。音楽のマイケル・ジャクソンが“KING OF POP”と呼ばれるのに対して、ビールのマイケル・ジャクソンは“KING OF HOP”と呼ばれることもありました。

Q19:"CAMRA"に関する説明として誤っているものを、次の選択肢より選べ。（2級）
❶「グレート・ブリティッシュ・ビア・フェスティバル」を開催している
❷イギリスで結成された組織である
❸伝統的なカスク・ビアを守るために結成された
❹1990年代に設立された

A19:❹

国際的ビールブランド名の中国語表記

・百威（バドワイザー）
・喜力（ハイネケン）
・嘉士伯（カールスバーグ）
・健力士または吉尼斯（ギネス）

ともいう）が減少していきます。そこで、カスク・ビアを愛する人々が1971年にCAMRAという組織を結成しました（団体の発足は1971年だが、CAMRAという呼称になったのは1973年から）。**CAMRAとはCampaign for Real Aleの略**で、真のエールビール（リアル・エール）を復興させる民間の消費者団体です。

▲CAMRAロゴマーク

この活動がカスク・ビア復活に道を開きます。大手メーカーは、カスク・ビアを製造する中小メーカーを簡単に買収できなくなったり、パブにケグ・ビア専売を義務づけてカスク・ビアを排除するように仕向けた契約を解消させられたりしたのです。

カスク・ビアでは、小規模醸造所で一樽ごとに管理される場合を除き、パブの主人が重要な役割を担います。工場からパブに届く樽には若ビール（主発酵だけを終えたビール）が詰まっており、パブの主人は後発酵の進捗を見極めながら、炭酸ガスが少し抜ける栓と密閉できる栓を使い分けて、パブでカスク・ビアを完成させるのです。

このCAMRAの活動はヨーロッパ全土に広がり、また北米のブルーパブやクラフトビールの普及にも好影響を与えました。

さらにCAMRAは、英国最大のビール祭りである「グレート・ブリティッシュ・ビア・フェスティバル」を、その前身も含めると1975年から開催しています。毎年夏にロンドンで開催され、英国から450以上、海外から200以上のビールが出品されており、コンテストも行われます。

知っトク

アンカーブリューイングカンパニー解散

「アンカースチーム」を製造・販売するアンカーブリューイングカンパニーは、2017年から日本のサッポロホールディングスの傘下にありましたが、2023年7月に会社解散を発表しています。新型コロナウイルス感染症による影響で売上が大きく減少。その後も事業不振が継続し、中長期的な改善が難しいとの判断から解散が決定されました。

アメリカのクラフトビールのパイオニア

カリフォルニア・コモンビールは、19世紀にカリフォルニアのドイツ系移民がラガー酵母でエールのように常温発酵させた独特のビールです。スチームビールとも呼ばれます。このビールは19世紀半ばのゴールドラッシュの時代にはカリフォルニアの複数の醸造所でつくられていました。しかし、1920年施行の禁酒法によりすべての醸造所が閉鎖され、1933年の禁酒法撤廃後に復活したスチームビールの醸造所はアンカーだけとなってしまいます。

その後、大手メーカーのビールの勢いに押されてアンカー・ブルーイング社は倒産寸前となりますが、1965年にフリッツ・メイタグが経営に参加し業績が改善。設備を改修するとともに、1971年に創業時のレシピを復活させた新製品「アンカースチーム・ビール」を発売し、小規模醸造所(マイクロブルワリー)による、大手とはまったく異なったじっくり味わうビールとして評判をとります。その後もポーター、エール、バーレイワイン、クリスマスエールなどを発売し、多品種を生産する今日のクラフトブルワリーの原型となりました。その後、アメリカ国内に徐々に小規模醸造所が増えていくことになります。

1984年に全米で18社だった小規模醸造所は、10年間で537社へと増加します。ここで急成長したのがジム・クック率いるボストンビール社でした。機械文明への反省という風潮を感じとった彼は、伝統的で風味豊かなビールの復活を目指して1984年に「サミュエル・アダムス」を発売。これが大人気となり、さらにクリームスタウトやダブルボックなど多品種化を進め、同社はアメリカ最大のクラフトブルワリーに上りつめました。小規模醸造所がビジネスとして成功できることを証明したのです。

クラフトビールの拡大

アメリカでは1976年に小規模醸造所向けの酒税減税、1979年にホームブルーイングの解禁が行われて、クラフトビールの成長の基盤がつくられました。以後、小規模醸造所は爆発的に増加しました。

1996年、クラフトビールの伸長を恐れたアメリカ大手のAB社は、100%マインドシェア(100% share of mind)と呼ばれるリベート強化策を打ち出し、傘下の卸にクラフトビールの取り扱いを止めるように働きかけました。これに反発したクラフトブルワーが結束して批判を展開したので、多くの卸は取り扱いを再開し、ク

Q20:アメリカでボストンビール社を創業した人物を、次の選択肢より選べ。(2級)
❶サミュエル・アダムス
❷ジム・クック
❸フリッツ・メイタグ
❹サム・カラジョーネ

A20:❷

ファントムブルワリー
特定の醸造所を持たず、委託醸造によりさなざまな醸造所でビールを製造するブルワリーのこと。デンマークのミッケラーはこの方式で躍進しました。ちなみに、ファントムとは幽霊という意味です。

ミッケラーは、北欧らしさ満載のキュートで遊び心あふれるデザインも魅力です。

ラフトビールは勢いを取り戻しました。アメリカ西海岸発祥のアメリカンIPA（ウエストコーストIPA）というスタイルが世界中で人気となります。その後もアメリカンIPAは様々な発展を遂げ、近年ではニューイングランドIPAなどが人気を博しています。米国ブルワーズ・アソシエーションによると、2022年のアメリカのクラフトビール醸造所の数は9,552か所と拡大を続けています。2015年は4,803か所でしたので、直近7年でも約2倍になっています。また、2022年の全ビール販売量の約13%、販売金額の約25%はクラフトビールが占めています。

近年、多くの国々でクラフトビールが増加しており、**スコットランドのブリュードッグ社**や、ファントムブルワリー方式で躍進した**デンマークのミッケラー社**など、国際的に名前を知られるブランドも誕生しています。

過去問

Q21: イギリスのユーロモニターインターナショナルの調査で、2022年の世界のビール市場シェア第1位のビールメーカーを、次の選択肢より選べ。（2級）
❶ハイネケン
❷アンハイザー・ブッシュ・インベブ
❸カールスバーグ
❹華潤ビール

A21: ❷

世界のビールメーカーとブランド

英調査会社ユーロモニターによると、2022年の世界のビール市場シェアは、1位が**ベルギーのアンハイザー・ブッシュ・インベブ社**（以下、ABインベブ社）、2位が**オランダのハイネケン社**、3位が**デンマークのカールスバーグ社**で、4位が中国の華潤ビール社（CR Beer）、この4社で約50%のシェアになります。

2000年以降、多くの買収や合併が続きました。サウス・アフリカン・ブルワリー（SAB）は1999年に本社をイギリスに移し、各国で買収に乗り出します。2002年にアメリカ2位のミラー社を買収してSABミラー社となり、世界首位に躍り出ました。

ベルギーのインターブリュー社は、ブラジルのアンベブ社と2004年に合併してインベブ社となりました。2008年にはインベブ社（世界2位）がアメリカのAB社（世界3位）を買収しABインベブ社となり、世界最大のビール会社が誕生。さらに2016年には2位になったSABミラー社を790億ポンド（約10兆1,000億円）で買収し、圧倒的な世界シェアを獲得しました。同社は、世界で競争力を高めるため買収を進めましたが、各国で生まれ育った各ブランドの多くはそのまま継承されています。

日本のメーカーでは、アサヒが7位、キリンが15位にランクイン。アサヒは2016年に西欧のビール事業（ペローニ、グロールシュなど）をSABミラー社から、2017年に統合前の旧SABミラー社が保有していた東欧事業（ピルスナー・ウルケルなど）をABインベブ社から買収。さらに、2020年にABインベブ社から、豪州最大手のカールトン＆ユナイテッドブリュワリーズを買収しています。一方、キリンのシェアは減少、2017年にブラジル事業を売却、2022年にはミャンマー事業から撤退しています。

Q22: アサヒビール社が保有している海外ブランドビールを、次の選択肢より選べ。（2級）※2023年7月時点
❶クローネンブルグ
❷グロールシュ
❸モレッティ
❹ベックス

■代表的なブランド

※2024年1月時点

メーカー	代表的な所有ブランド　※（　）内はブランドの発祥国
ABインベブ	バドワイザー（アメリカ）、グース・アイランド（アメリカ）、ラバット（カナダ）、コロナ（メキシコ）、モデロ（メキシコ）、レーベンブロイ（ドイツ）、ベックス（ドイツ）、ステラ・アルトワ（ベルギー）、ヒューガルデン（ベルギー）、ジュピラー（ベルギー）、レフ（ベルギー）他
ハイネケン	ハイネケン（オランダ）、アムステル（オランダ）、ラグニタス（アメリカ）、ソル（メキシコ）、タイガー（シンガポール）、モレッティ（イタリア）他
カールスバーグ	カールスバーグ（デンマーク）、クローネンブルグ（フランス）他
華潤ビール（CRビール）	雪花ビール（中国）他
モルソン・クアーズ（米国）	モルソン（カナダ）、クアーズ（アメリカ）、ミラー（アメリカ）、ブルームーン（アメリカ）他

Q23: ABインベブ社が保有するブランドを、次の選択肢より選べ。（2級）※2023年7月時点
❶333　❷ミラー
❸コロナ　❹タイガー

A22:❷

A23:❸

■世界のビールシェア

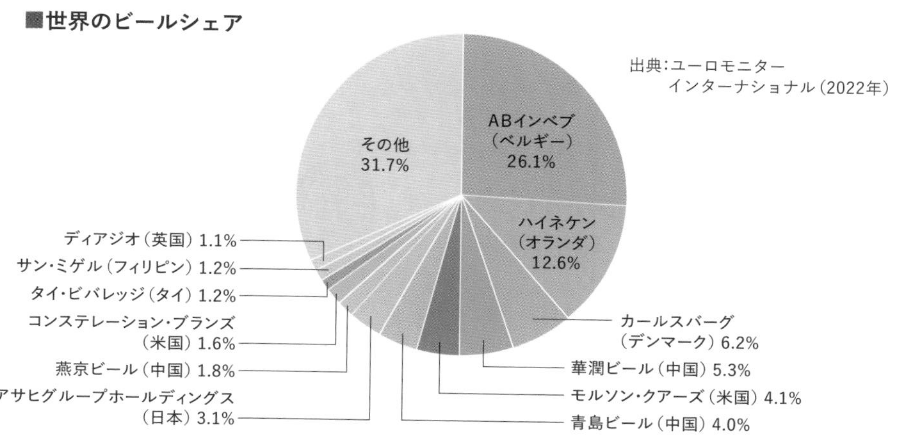

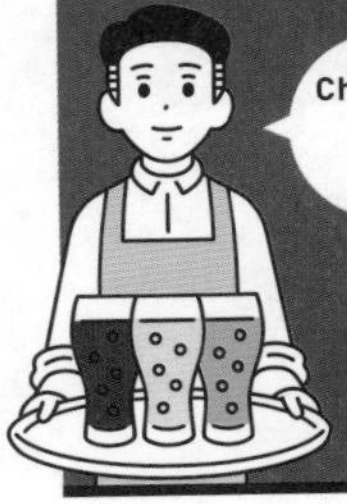

Chapter 5

ビールの日本史

日本における本格的なビールの歴史は明治以降からと、まだ長くはありません。今日の私たちの生活に根付いているビールは、日本ではどのように発展していったのでしょうか。

■「ビールの日本史」年表

1870 スプリング・バレー・ブルワリー創業
1884 スプリング・バレー・ブルワリー破産
1885 ジャパン・ブルワリー・カンパニー創業
1888 新キリンビール発売 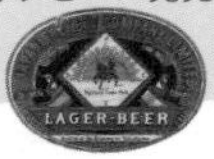
1907 麒麟麦酒(株)設立
1923 東洋醸造仙台工場を買収 ← 1921 東洋醸造(株)創業 新フジビール発売
1990 新キリン一番搾り発売
1998 新麒麟淡麗発売

1876 開拓使麦酒醸造所創業
1877 新サッポロビール発売
1886 大倉組札幌麦酒醸造場として民営化
1887 札幌麦酒会社設立
1893 札幌麦酒(株)と改称

1887 日本麦酒醸造会社創業
1890 新ヱビスビール発売

1889 大阪麦酒会社創業
1892 新アサヒビール発売

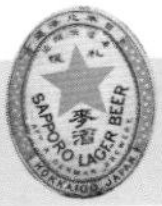

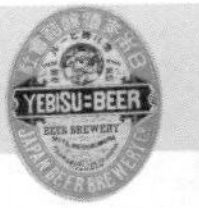

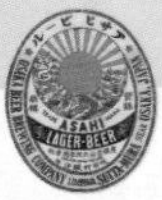

1906 札幌麦酒、日本麦酒、大阪麦酒3社合同により大日本麦酒(株)設立

1912 帝国麦酒(株)創業
1913 新サクラビール発売
1929 桜麦酒(株)と改称

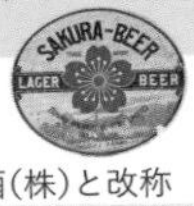

1933 日本麦酒鉱泉を合併
1943 桜麦酒を合併

1949 日本麦酒(株)設立 ⇔ 1949 朝日麦酒(株)設立
過度経済力集中排除法で2分割

1957 サッポロビール再発売
1964 サッポロビール(株)と改称
1971 ヱビスビール再発売
1977 新サッポロびん生発売
2003 新ドラフトワン発売

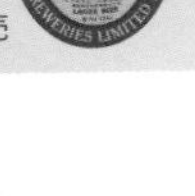

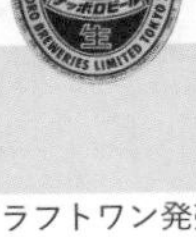

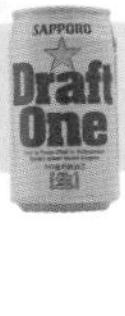

1987 新スーパードライ発売
1989 アサヒビール(株)と改称

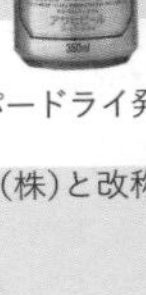

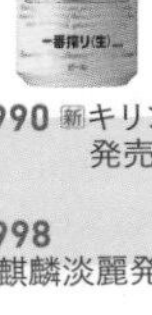

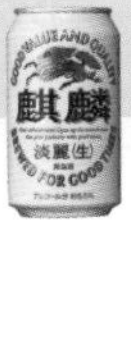

ビールが日本に上陸したのは江戸初期ですが、鎖国下では根付きませんでした。明治以降の150年ほどが本格的なビールの日本史です。文明開化とともに飲まれ始め、高度経済成長期には生産量で清酒を抜くほど親しまれました。今日でも日本人に最も愛されるアルコール飲料として国民生活に密着しています。

1. 日本のビールの創成期

鎖国下の江戸時代に西洋に開いた唯一の窓が長崎のオランダ出島です。日本人はオランダを通じビールと出会います。幕末に開国を迫られると、ビールとの接触も増えてきます。そして明治期には新たな産業としてビール会社が設立されました。

日本人初のビール醸造

最初にビールが登場する日本の文献は、1724（享保9）年に刊行された『阿蘭陀問答』で「**殊のほか悪しき物にて何のあぢはいも無御座候、名はヒイルと申候**」と否定的に記されています。

最初にビールを飲んだ日本人として名前が記録されているのは、仙台藩士の玉虫左太夫です。1860（万延1）年の遣米使節団に参加した彼が記録した『航米日録』の中に、「**苦味ナレドモ口ヲ湿スニ足ル**」と、やや肯定的に評価しています。

▲川本幸民

最初にビールを醸造した日本人は、蘭学者の川本幸民だとされています。1853（嘉永6）年、通訳としてペリー提督が乗船するサスケハナ号に乗り込んだ幸民は、会議の後の宴会でビールと出会ったと言われています。その後、訳書『化学新書』の中でビール醸造を紹介し、上面発酵と下面発酵の違いなどを詳しく解説しています。マッチやカメラ（銀板写真）などを試作した彼の性格から、ビール醸造も試みたはずだと推測されています。

明治に入って、品川県、大阪の開商社、京都の舎密局が、それぞれビール醸造を企画しました。しかし開商社は企画途上で行きづまり、品川県と舎密局は工場を建てましたが、商品化には至りませんでした。その後、開商社

▲大阪にあった渋谷ビールのラベル

知っトク

ビールの日本初上陸は江戸時代初期

1613（慶長18）年、平戸（現在の長崎県平戸市）に入港したイギリス船クローブ号の積み荷リストの中にビールの記載があり、これが日本にビールが上陸した最初の記録と言われています。さらに、平戸のオランダ商館の1636〜40年の会計帳簿には「ビール醸造用の砂糖」の輸入記録が複数回あることから、館内でビール醸造が行われていた可能性があります。

日本でビールを醸造した外国人

1818（文政元）年、出島のオランダ商館長のヘンドリック・ドゥーフは、『日本回想録』（1833年）の中で、自らビール醸造を試みたことを記しています。「ビールの味がする液体はできたが十分に発酵することができず、ホップも入手できなかったため、三、四日しか保存できなかった」とのこと。

に招聘されたアメリカ人醸造技師フルストを雇った渋谷庄三郎が、1872（明治５）年に**大阪の堂島で「渋谷ビール」**を起こしました。これが**日本人経営者による最初のビール会社**です。

舶来ビールと外国人居留地でのビール醸造開始

幕末から横浜や神戸などに外国人居留地が置かれ、洋酒の輸入が増大します。ビールもイギリスのバス社、オールソップ社の製品などが輸入されますが、低アルコールで輸送効率が悪く高価になるため、供給量は不十分でした。

そこで1869（明治２）年、ローゼンフェルトがジャパン・ブルワリーを横浜居留地で開業します。これが、**日本初のビール醸造所**です。５年ほどで廃業しましたが、横浜でも神戸でも外国人の手によるビール醸造所が次々に誕生します。

中でも評判が高かったのは、1870（明治３）年にアメリカ人のウィリアム・コープランドが横浜居留地で創業した、スプリング・バレー・ブルワリーです。旧地名・天沼を冠して「アマヌマ・ビヤザケ」の愛称で日本人にも親しまれたといわれています。その後、醸造所は東京や上海に代理店を設置し、製品の販路を拡大します。1875（明治８）年には、**日本初といわれるビアガーデン**を開くなど15年間経営を続けましたが、1884（明治17）年に破産します。

キリンビール誕生と小規模ビール醸造所

1885（明治18）年、スプリング・バレー・ブルワリーの跡地に香港法人ジャパン・ブルワリー・カンパニーが設立されました。同社は、長崎のグラバー邸で有名なトーマス・グラバーや横浜在住の外国人実業家たちが中心でしたが、**三菱財閥の岩崎弥之助**が日本人でただ一人、株主として参加しました。当時の法律では、外国人の往来は居留地周辺に制限されていたので、日本全土にビールを販売するために、**磯野計が創設した明治屋**と1888（明治21）年に一手販売契約を結びます。そして同年、ラベルに東洋の聖獣である麒麟を採用した「キリンビール」を発売します。翌年にはグラバ

過去問

Q1：ビールのことを「殊のほか悪しき物」と否定的に紹介した1724（享保9）年に刊行された書物を、次の選択肢より選べ。（３級）
❶東方見聞録
❷蘭学事始
❸阿蘭陀問答
❹西洋衣食住

過去問

Q2：日本人経営者による初めてのビール会社は、1872（明治5）年創業の「渋谷ビール」である。この「渋谷」の読み方で正しいものを、次の選択肢より選べ。（３級）
❶シブヤ　❷シブタニ
❸ジュウコク　❹ジュウタニ

過去問

Q3：1869（明治2）年、日本初のビール醸造所ジャパン・ブルワリーを開業した人物を、次の選択肢より選べ。（２級）
❶ローゼンフェルト
❷ウィリアム・コープランド
❸トーマス・グラバー
❹トーマス・アンチセル

A1:❸

A2:❷

A3:❶

ーの提案によりデザインを変更し、現在のキリンビールのラベルの原型が誕生しました。

日本人もビールに親しみ始め、明治20年代には100社を超える小規模醸造所が建てられます。1878（明治11）年に東京芝区桜田（現・港区西新橋）で「桜田ビール」が発売され、1885（明治18）年には1,200石（216kl）を製造して国内最大規模となりました。また同年には、東京下豊多摩郡中野村（現・中野区本町）に「浅田ビール」が誕生し、1890（明治23）年の第３回内国勧業博覧会では、麒麟、恵比寿、桜田などとともに入賞します。当時の新聞に「桜田浅田は英の流れを汲み、麒麟恵比寿は独の風を伝へ」と紹介されたように、この４社はイギリス流エールと、ドイツ流ラガーにわかれて争っていたのです。

▲発売当時のキリンビールのラベル［1888（明治21）年］

▲デザイン変更したキリンビールのラベル［1889年（明治22）年］

過去問

Q4:1885(明治18)年、スプリング・バレー・ブルワリーの跡地に設立され、1888（明治21）年に「キリンビール」を発売した会社を、次の選択肢より選べ。（３級）
❶ジャパン・ブルワリー・カンパニー
❷明治屋
❸渋谷ビール
❹中埜酢店

過去問

Q5: 福沢諭吉は著書『西洋衣食住』で、ビールについて「(　　)を開く為に妙なり」と書いている。(　　)に入る語句を、次の選択肢より選べ。（３級）
❶目頭　❷胸膈
❸鼻先　❹喉元

A4:❶

A5:❷

BEER COLUMN

ビールが持つコミュニケーション効果

福沢諭吉が３回目の外遊の後、1867（慶応3）年に片山淳之助の名で著した『西洋衣食住』では、ビールについて「**其味至って苦けれど、胸膈を開く為に妙なり**」と解説してあります。「胸膈を開く」とは、腹を割って話す、友だちになるという意味です。

つまり福沢諭吉は、日本人に紹介したいビールの一番の要諦とは、コミュニケーションを活性化する能力なのだ、と考えたのです。

日本人初のビール工場建設とサッポロビールの誕生

1869（明治２）年、対露防衛と北海道開拓を目的に開拓使が設置されました。

開拓次官（後に長官）黒田清隆(くろだきよたか)は、道内での野生ホップの発見や大麦栽培の適地であることから、ビール事業に取り組むことを決断します。1876（明治９）年、札幌に開拓使麦酒醸造所が開業しました。当初は東京に建設して試験醸造を行い、成功後に北海道に移設する計画でした。しかし、麦酒醸造所建設の事業責任者である村橋久成は、ビール醸造に適した冷涼な気候で原料も氷雪もある北海道に最初から建設すべきだ、との意見書を提出し、建設地を変更させました。醸造技師は、**ドイツでビール醸造を学んだ初の日本人である中川清兵衛(なかがわせいべえ)**でした。幕末に海外渡航の禁を犯して密航し、ドイツでビール醸造と麦芽製造を学んだのです。

1877（明治10）年、下面発酵・長期熟成による「サッポロビール」が売り出されました。函館に寄港する外国船員や、国内のお雇い外国人などから高い評価を受け、東日本を代表するビールに成長します。

1882（明治15）年、開拓使が廃止されます。ビール醸造所は農商務省、北海道庁と所管が移っていきます。そして1886（明治19）年に大倉喜八郎に払い下げられ、大倉組札幌麦酒醸造場として民営化。翌年には渋沢栄一(しぶさわえいいち)らも加わって、新たに札幌麦酒会社が設立されました。

▲発売当時の
サッポロビールのラベル
［1877年（明治10年）、丸善所蔵］

▲開拓使麦酒醸造所開業式
［1876（明治９）年、北海道大学所蔵］

過去問

Q6:幕末に密航し、ドイツでビール醸造を学んだ後、開拓使麦酒醸造所に雇われたビール醸造技師を次の選択肢より選べ。（３級）
❶中川清兵衛
❷村橋久成
❸中埜又左衛門
❹鳥井駒吉

基本のキ

ラベルの☆

サッポロビールのラベルに描かれた☆は、開拓使のシンボル「北極星」です。現在まで引き継がれる伝統のシンボルとなっています。

▲開拓使戦艦徽章の中央に描かれる「五稜星」は北極星がモチーフ

A6:❶

過去問

Q7:1889(明治22)年、大阪で設立された大阪麦酒会社の創業者は誰か、次の選択肢より選べ。(3級)
❶鳥井駒吉 ❷馬越恭平
❸磯野計 ❹渋沢栄一

A7:❶

日本初のブラウマイスターによるアサヒビールの誕生

1889(明治22)年、**大阪・堺の清酒「春駒」の蔵元、鳥井駒吉**(とりいこまきち)が中心となって大阪麦酒会社が創業されました。内務省の技手**生田秀**(いくたひいず)を雇い、ドイツに留学させます。生田はヴァイエンシュテファン中央農学校(現ミュンヘン工科大学)でビール醸造学を修め、**日本人初のブラウマイスター**の称号を得ました。

帰国した生田は、水と交通の便を備えた大阪・吹田に醸造所を構えます。ここでは、日本で初めて近代ビールの三大発明「アンモニア冷凍機」「低温殺菌法」「酵母純粋培養法」をすべて採用しました。アンモニア冷凍機の発明は1873年であり、本国ドイツでもようやく導入が始まった時期です。世界を知る生田だからこその英断でした。2人のドイツ人醸造技師も雇用して、設備と人の強化を万全に整え、1892(明治25)年に「アサヒビール」が発売されました。すぐに西日本を代表するブランドとなります。

▲発売当時の
アサヒビールのラベル
[1892(明治25)年]

▲完成した吹田村醸造所を描いた広告物

日本麦酒醸造会社の設立と恵比寿ビールの誕生

1887(明治20)年、東京や横浜の中小資本家が集まって日本麦酒醸造会社を設立します。三井財閥の援助を得ることに成功し、現在の東京・目黒区三田にヱビスビール醸造所を竣工。1890年2月に「恵比寿ビール」を発売しました。

発売2か月後の第3回内国勧業博覧会では、国内83銘柄の中で麒麟と並んで「最良好」の評価を得ました。しかし不景気のため売上が伸びず、初年度は赤字でした。翌1891(明治24)年も不振が続いたため、三井財閥は三井物産横浜支店長だった馬越恭平(まこしきょうへい)に再建を託します。馬越は徹底した経営の合理化を行い、わずか1年で黒字化を果たします。

卓越したアイデアマンだった馬越はさまざまな販売戦略で恵比寿ビールの成長に貢献しました。1899（明治32）年８月４日、現在の銀座８丁目に開業した**日本初のビヤホール「恵比寿ビールBeer Hall」**も馬越の発案によるものです。工場直送の出来立て生ビールを味わってもらい、そのよさを知ってもらうことが目的でしたが、手頃な値段で飲めるとあって店は大繁盛に。その後、ビヤホールは東京だけでなく地方都市にも次々とオープンし一大ブームとなります。ビヤホールは当時贅沢品だったビールが大衆化していく１つのきっかけにもなりました。

ビール事業の将来性に確信を持った馬越は、増資を行い積極経営に転じます。醸造設備の新鋭化と先端技術の導入を推進。恵比寿ビールのさらなる品質向上に努めたのです。そして、恵比寿ビールは1900年のパリ万国博覧会で金賞を受賞、1904年のセントルイス万国博覧会でもグランプリを獲得しました。

▲発売当時の
ヱビスビールラベル
［1890（明治23）年］

▲竣工当初の「ヱビスビール醸造場」

▲恵比寿ビール BEER HALL

8/4は「ビヤホールの日」

1899年8月4日に、日本で初めてビヤホールが誕生した記念日として「ビヤホールの日」を（株）サッポロライオンが1999年に制定。この日は、日本記念日協会にも認定されています。

Q8: 明治時代、日本麦酒の社長を務め、日本初のビヤホールを銀座にオープンさせるなど経営手腕を発揮した人物で、後年「東洋のビール王」とも呼ばれた人物を、次の選択肢より選べ。（３級）

❶渋沢栄一
❷中埜又左衛門
❸馬越恭平
❹岩崎弥太郎

「恵比寿ビールBeer Hall」命名の経緯

日本初の新型店の名前選びには、英語に詳しい日本人や外国人の知恵を借りました。ビヤルーム、ビヤバー、ビヤサロンなどの案が出ましたが、ある宣教師の意見で「ビヤサロン」と一旦は決定します。しかし、あるイギリス人から「横浜あたりではサロンといえばいかがわしい場所。店名には相応しくないので、ホールのほうがよい」とのことで最終的に「ビヤホール」に決まりました。ビヤホールという言葉は、この時に生まれた和製英語です。

A8:❸

BEER COLUMN

渋沢栄一とビール業界

渋沢栄一は、生涯に約500の企業の育成に関わり「日本の資本主義の父」と評されていますが、ビール業界とも深い関係があります。

その関係は、1885（明治18）年創業のジャパン・ブルワリー・カンパニーから始まります。渋沢は同社の創業メンバーではありませんが、その年の**株主募集に応じて出資**しています。

1886（明治19）年、開拓使麦酒醸造所は北海道庁から民間（大倉組商会）に払い下げられました。その翌年、大倉組から渋沢らが譲り受け設立したのが「札幌麦酒会社」です。**渋沢は同社の委員長に就任**します。1893（明治26）年、社名を札幌麦酒株式会社へ改称。翌年に**渋沢は取締役会長に就任**し、渋沢は取締役会長に就任し、経営体制を強化します。1903（明治36）年には東京工場を建設し、1905（明治38）年、札幌麦酒をついに業界シェア日本一に躍進させました。

翌年の1906（明治39）年、日本麦酒、大阪麦酒、札幌麦酒の3社合併で「大日本麦酒」が誕生することになりますが、この合同を調整し日本麦酒の馬越恭平を社長に据えたのが渋沢であったといわれています。渋沢は1909（明治42）年まで取締役として大日本麦酒を支え、**日本のビール業界の基盤づくりに貢献**しました。

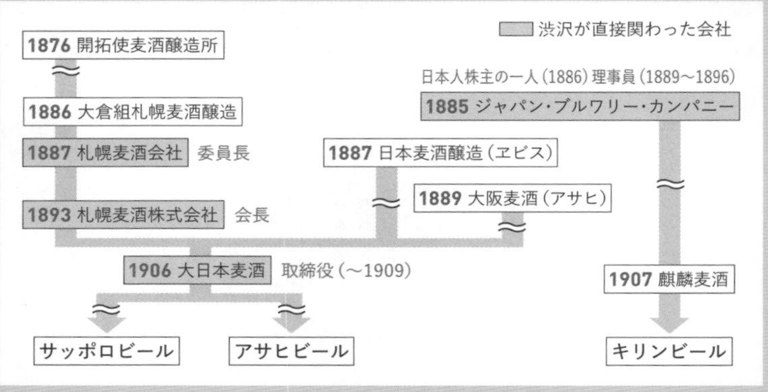

2. 日本のビールの発展期

ビール税の導入などで中小企業が次々と廃業し、寡占化が進みます。大企業同士の戦いは過激な価格競争を生む一方、合併や買収など企業再編をもたらしました。また多様なバックボーンを持つ新興企業も参戦してきます。

ビール業界の競争激化

サッポロ、ヱビス、キリン、アサヒの4大ブランドが台頭する中、1901（明治34）年には「**麦酒税法**」が施行され、ビールは初めて課税されました。中小のビール会社は高額なビール税の立て替えに窮して廃業に追い込まれました。

1900（明治33）年、札幌麦酒は東京進出の拠点として浅草に近い佐竹氏邸跡地（現アサヒビール本社所在地）を買収しました。1903（明治36）年に東京工場を完成。東京市場では地元ヱビスとサッポロの販売合戦が激化します。

1908（明治41）年の麦酒税法改正では、製造免許基準が年1,000石（180kl）以上となり、担税能力が確実な大規模工場以外は醸造を許されなくなります。

Q9：明治期に500以上の企業の創業に関わり、「日本資本主義の父」と言われ、明治のビール4大ブランドであるサッポロ、キリン、ヱビス、アサヒ全ての経営にも関わっていた人物を、次の選択肢より選べ。（3級）
❶大倉喜八郎　❷渋沢栄一
❸黒田清隆　❹福沢諭吉

大日本麦酒と麒麟麦酒の設立

札幌麦酒の攻勢により、ヱビスビール（日本麦酒）は1901（明治34）年から売上が減少します。1903（明治36）年には、長年保ち続けた国内首位の座を大阪麦酒に明け渡し、札幌麦酒にも抜かれて第3位に転落します。

日本麦酒社長の馬越恭平は、1904（明治37）年に札幌、大阪両社の経営陣に対して日露戦争下での競争の愚を説き、3社の企業合同により、戦後の海外雄飛を目指そうと呼びかけました。

各社の賛同を得て、1906（明治39）年に**シェア7割を誇る、大日本麦酒株式会社が設立**されました。大日本麦酒は、原料国産化とビール輸出拡大を基本方針として、貿易収支改善で国家に貢献

Q11：1901（明治34）年、中小のビール会社の廃業が相次いだが、その原因となった出来事を次の選択肢より選べ。（3級）
❶輸入ビールの拡大
❷麦酒税の導入
❸原料の高騰
❹水不足

A9:❷

A10:❷

Q11：1906（明治39）年、日本麦酒、札幌麦酒、大阪麦酒の3社が合併し、国内ビールシェア7割を誇るビール会社が設立されたが、その名称を次の選択肢より選べ。（3級）
❶寿屋　❷大日本麦酒
❸麒麟麦酒　❹丸三麦酒

A11：❷

できる会社を目指しました。

また、3つの既存ブランドの流通網を無理に整理・統合せず、そのまま継続販売した結果、次第に東日本はサッポロ、関東はヱビス、西日本はアサヒという、エリアブランドができあがりました。

キリンビールを製造するジャパン・ブルワリー・カンパニーにも、この企業合同への参加が打診されました。同社は拒否しましたが、巨大企業と戦うには体制強化が必要です。そこで1907（明治40）年、総代理店の**明治屋を核として設立された麒麟麦酒株式会社**に事業譲渡し、外国人企業から日本企業へと生まれ変わりました。現在のキリンの周年行事等はこの年が起点となっています。

▲大日本麦酒　3社合同記念ラベル

BEER COLUMN

街の名になったビール、ヱビス。

1890（明治23）年に誕生した「恵比寿ビール」。発売当初から品質評価が高かった恵比寿ビールの人気は高まり、1896（明治29）年には国内第1位の製造量となります。1901（明治34）年にはビールをより大量に、より遠くへ出荷するため、工場直結のビール専用の貨物駅「恵比寿停車場」が開設されました。工場周辺の街も変化していきます。1906（明治39）年には旅客駅「恵比寿駅」が誕生。さらに1928（昭和3）年には周辺の地名も「恵比寿」になりました。ビール工場は1988（昭和63）年に閉鎖となりましたが、その跡地を再開発し1994（平成6）年に開業したのが現在の「恵比寿ガーデンプレイス」です。

▲恵比寿停車場

ビール会社の海外進出

大日本麦酒は、1916（大正5）年の中国・青島のビール会社買収を皮切りに、台湾、満州、朝鮮、南洋などアジア各地において、醸造所や販売拠点の設立、企業への経営参加など、盛んに海外進出を行いました。1945（昭和20）年の海外拠点は44もありました。一方、麒麟麦酒も1933（昭和8）年に朝鮮で昭和麒麟を設立し、満州や台湾では大日本麦酒と協力してビール会社経営を行うなど、海外進出を進めています。

Q12：1906（明治39）年に誕生した大日本麦酒株式会社の説明について、正しいものを次の選択肢より選べ。（2級）

❶3社合併による国内シェアは7割に相当した
❷3社の既存ブランドの流通網を整理・統合した
❸総代理店を明治屋とし販売体制を強化した
❹ホップや大麦の輸出を開始し、外貨を稼いだ

丸三麦酒からユニオンビールへ

1887（明治20）年に**中埜酢店（現ミツカングループ本社）の第4代中埜又左衛門**は、甥の盛田善平にビール醸造を命じ、丸三麦酒醸造所が創業されました。2年後には「丸三麦酒」が発売されました。1899（明治32）年には「カブトビール」を発売して大手4社に次ぐ規模に成長しますが、1906（明治39）年、赤字が続いたため、東武鉄道の根津嘉一郎に経営が移ります。

根津はこのビール会社に「三ツ矢サイダー」の帝国鉱泉と日本製壜の2社を合併させて、新たに日本麦酒鉱泉を設立しました。同社は、1922（大正11）年に「ユニオンビール」を発売します。消費者向けの王冠買い入れキャンペーンなど画期的な販売施策で売上を伸ばしていきますが、過当競争で疲弊する中、1933（昭和8）年に大日本麦酒に合併されます。

▲アニメ映画「風立ちぬ」で描かれた「カブトビール」看板（1920年代の名古屋駅前）

盛田善平

丸三麦酒醸造所を創業した盛田善平は、敷島製パン（Pasco）の創業者・初代社長でもあります。

サクラビールとオラガビール

門司に設立された**九州初のビール会社である帝国麦酒**が、1913（大正2）年に「サクラビール」を発売します。サクラビール

A12：❶

は全国シェアで9％台を記録するなど健闘しましたが、戦時下の1943（昭和18）年、企業整備令により大日本麦酒に合併されました。

一方、1920年から1933年にかけて施行されたアメリカの禁酒法によって不要となった醸造設備を輸入して、神奈川県鶴見に日英醸造、宮城県仙台市に東洋醸造が誕生します。しかし、経営困難から日英醸造は寿屋（現サントリーホールディングス）へ、東洋醸造は麒麟麦酒へ工場を売却することとなります。そして寿屋は新たに「オラガビール」を発売しました。しかし、1934（昭和9）年には売上不振のため、ビール事業から撤退します。

▲サクラビールのラベル
［1913（大正2）年］

過去問

Q13：1930（昭和5）年にオラガビールを発売した会社で、現サントリーホールディングス（サントリービール）の前身となる会社を、次の選択肢より選べ。（3級）
❶日英醸造　❷東洋醸造
❸中埜酢店　❹寿屋

ビール増税と酒類販売免許

1937（昭和12）年以降はほぼ毎年、戦費調達のために**ビール税が引き上げ**られました。1938（昭和13）年には、**酒類販売が免許制**となります。販売業者の乱立を防いで税源を安定させるためでした。

1939（昭和14）年の価格等統制令では、ビールも他の物品と同様に、府県ごとに**公定価格が定められ**ました。1943（昭和18）年には**全国統一価格**となります。

過去問

Q14：1943（昭和18）年にビールの商標が廃止されたが、この狙いとして最も適切なものを次の選択肢より選べ。（3級）
❶敵性語の排除
❷ガソリンの節約
❸ビール工場の再編
❹宣伝の禁止

配給制と商標廃止

1940（昭和15）年から**ビールは配給制**となりました。食糧優先のため清酒は40％強の減産、ビールは副原料の米を減らして15％減産となったのです。1942（昭和17）年には大蔵省の勧告に従い、メーカーの販売部門は中央麦酒販売株式会社に、卸売業者は地域ごとの地方麦酒販売株式会社にそれぞれ統一され、ビールの配給ルートは一元化されました。

1943（昭和18）年には、**ビール会社の商標は廃止**されます。消費者の銘柄選択を許さず、最寄り**工場からビールを輸送すること**

A13：❹

A14：❷

でガソリンを節約するためでした。

「麦酒」と書かれたラベルが貼られ、用途によって、**家庭用、業務用、価格特配用**などにわかれました。この統一商標は、戦後の1949（昭和24）年まで続きます。清酒の減産とビールの配給は、結果として多くの人にビールの味を広めることになりました。

▲第二次世界大戦時の用途別ラベル［1943（昭和18）年］

知っトク

価格特配とは？

第二次正解大戦時の用途別ラベルで「価格特配」がありますが、これは冠婚葬祭や出征兵士向けの「乾杯用」の酒で、ごくわずかな量に限られていたようです。

大日本麦酒の分割

1947（昭和22）年施行の過度経済力集中排除法に基づき、シェア約75％の大日本麦酒は、1949（昭和24）年に２社に分割されます。**日本麦酒（現サッポロビール）はサッポロ・ヱビス・リボンシトロン**を、**朝日麦酒はアサヒ・ユニオン・三ツ矢サイダー**を、それぞれ継承しました。このとき日本麦酒は「ニッポンビール」という新ブランドのみを発売したため、戦前からのサッポロ・ヱビスファンを失うことになり、急速にシェアを落とします。

一方、朝日麦酒は「**アサヒビール**」を発売しますが、東京一極集中が進む中で西日本エリアを地盤としてきたことが弱点となり、こちらもシェアを落としました。

麒麟麦酒は唯一、**昔からのナショナルブランドというイメージ**を得ることになりました。さらに、昭和30年代以降は**家庭用電気冷蔵庫の普及**につれて家庭用需要が伸び、戦前から業務用市場を中心に販売してきた大日本麦酒より、家庭用市場に注力してきた麒麟麦酒が有利になりました。その結果、昭和40年代には60％を超えるシェアを獲得します。

過去問

Q15：1949（昭和24）年、過度経済力集中排除法に基づき、大日本麦酒は2社に分割されたが、その2社の組み合わせとして正しいものを次の選択肢より選べ。（3級）
❶札幌麦酒／大阪麦酒
❷恵比寿麦酒／日本麦酒
❸大阪麦酒／朝日麦酒
❹日本麦酒／朝日麦酒

A15：❹

Q16：昭和30年代に日本のビール消費量は飛躍的に伸びるが、その理由の１つとして最も適しているものを、次の選択肢より選べ。（３級）
❶札幌オリンピックの開催
❷電気冷蔵庫の普及
❸ビール税の減税
❹ビールの中味多様化

A16：❷

サッポロ、ヱビスのブランド復活

1955（昭和30）年に麒麟麦酒が札幌に出張所を開設した翌年、日本麦酒は北海道で「**サッポロビール**」を**復活**させて発売します。

翌1957（昭和32）年には全国発売し、1964（昭和39）年には社名もサッポロビールに変更しました。

▲ヱビスビールのポスター
［1971（昭和46）年］

BEER COLUMN

家庭でも飲まれるようになったビール

高度経済成長期に、日本でのビールの消費量は飛躍的に伸びました。とりわけ、1959（昭和34）～1962（昭和37）年は、消費量が年平均約25％のペースで増加しました。洗濯機、白黒テレビとともに「三種の神器」と呼ばれた電気冷蔵庫の普及が進んだ時期でもあります。その結果、主に飲食店で飲まれていたビールが、一般家庭でもよく飲まれるようになりました。

▲国内初の家庭用電気冷蔵庫（1953年）

■電気冷蔵庫の普及とビール製造量（日本全国）の推移

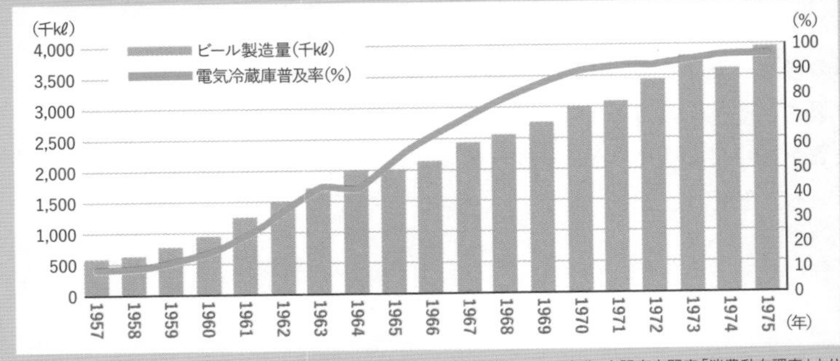

※出典：内閣府内閣府「消費動向調査」より

さらに、サッポロビールは1971（昭和46）年に戦前の人気ブランド「**ヱビスビール**」を**復活**させます。小売価格を大びんで10円高くした麦芽100%プレミアムビールとしてよみがえりました。

新たな参入

1957（昭和32）年、焼酎首位の宝酒造は「タカラビール・中びん」を発売してビール業界に参入しました。業界初のサイズ（500ml）と大びんより25円安い100円という価格で差別化を図りましたが、すぐに他社も中びんを発売し、差別化は失敗します。結局、1967（昭和42）年に売上不振でビール事業から撤退します。

1957（昭和32）年、米軍占領下の沖縄で地元実業家たちが沖縄ビールを設立します。2年後の1959（昭和34）年に、創業年に一般公募で採用されたブランド名「オリオンビール」を発売し、社名もオリオンビールに変更しました。今も地元ブランドとして愛されています。

1963（昭和38）年には、サントリーから「サントリービール」が発売されます。ビール販売に朝日麦酒の特約店ルートの利用を許されたことや、ウイスキーで築いた販売網などにより、順調なスタートを切りました。

3.現代の日本のビール

1970年代以降の主な出来事としては、生ビール化、中味多様化、容器戦争、ドライ戦争、地ビール解禁、発泡酒登場、新ジャンル登場など。94年以降は総需要の減少が続きますが、機能系やノンアル、クラフトなどのセグメントは拡大傾向にあります。

生ビール化から容器戦争へ

「**キリンラガー**」で**過半のシェアを獲得**した麒麟麦酒に対し、1967（昭和42）年「サントリー純生」、1968（昭和43）年「アサヒ本生」、1977（昭和52）年「サッポロびん生（現在のサッポロ生ビール黒ラベル）」と、**3社はびん詰の生ビールで対抗**します。この**ラ**

過去問

Q17：1957（昭和32）年、「タカラビール」を発売しビール業界に参入した焼酎首位の宝酒造は、業界初の容量のびんを採用した。その容量を、次の選択肢より選べ。（3級）
❶334ml　❷500ml
❸633ml　❹1957ml

A17：❷

ガー対生という構図をベースに、1980年代に入ると家庭用小型樽やワンウェイびんによる飲用シーン拡大を狙った新容器の開発が進みます。この容器戦争は、次第に奇抜さや可愛らしさを競い合うようになり、本末転倒との批判を受けるようになりました。

過去問

Q18:ビール業界の出来事を古い順に並べたものを、次の選択肢より選べ。(2級)
A:ドライ戦争
B:地ビール解禁
C:第3のビールの登場
D:容器戦争
❶A→B→D→C
❷D→A→C→B
❸D→A→B→C
❹A→D→B→C

▲キリン
ビヤ樽

▲キリン
ビヤシャトル

▲サッポロ
生ロボ

▲サッポロ
竹取物語

中味の多様化からドライへ

容器戦争は80年代中盤で一段落し、80年代後半は、中味の多様化が進みます。各社から、地域限定、季節限定、ライトビール、麦芽100%、プレミアムビールなど新しい味と香りの新製品が次々に開発されました。その中で1987(昭和62)年にアサヒビールが発売した「アサヒスーパードライ」**は大ヒット**となり、翌年に各社が追随してドライを発売。しかし、このドライ戦争は結果としてアサヒビールへの追い風となりました。そこで各社は一転して第2ブランドを模索し始め、1990(平成2)年に「キリン一番搾り生ビール」が大ヒットとなります。

過去問

Q19:1994(平成6)年の「地ビール解禁」で最初に誕生した地ビール醸造所2社のうち、1社はエチゴビールである。もう1社を、次の選択肢より選べ。(3級)
❶木内酒造
❷オホーツクビール
❸ベアレン醸造所
❹銀河高原ビール

一方で、戦時中から競争防止のために統一されてきたビール価格に、大きな変化が訪れます。1990(平成2)年、ビール各社は「希望小売価格は参考価格である」と告知し、希望小売価格は強制ではないことを示しました。その結果、1994(平成6)年に**大手流通チェーンがビールの値下げ**を発表し、次第に自由な価格設定をする販売店が増えました。しかし、**ビール市場は1994(平成6)**

▲「スーパードライ」広告
[1987(昭和62)年]

A18:❸
A19:❷

年をピークに縮小していくことになります。

地ビールの解禁

1994(平成6)年、細川内閣の目玉政策である規制緩和により、ビールの製造免許に必要な年間最低製造数量が、**2,000klから60klに引き下げられ**、町おこしなどを目指して小規模の醸造所が数多く生まれました。いわゆる「地ビール解禁」です。**北海道のオホーツクビール**と、**新潟のエチゴビール**が最初に誕生した地ビールです。それらに続き、新規参入が急増。小規模醸造所は一時は300か所を超え、「地ビールブーム」が起こりました。「地ビール」という名が示す通り、多くは町おこしの観点での事業展開が行われていました。しかし、2003年頃にはブームは沈静化します。

地ビールメーカーの淘汰が進む中、2004年からEC事業を本格化し成功をつかんだのが、よなよなエールを販売するヤッホーブルーイングでした。これを1つの契機とし、自らの手で個性的なビールをつくりたいという醸造所が増え、2010年代前半から地ビールは「クラフトビール」という呼称で再び人気を得ました。クラフト(craft)には「手工芸品」「職人的技巧」といった意味があります。地ビールが地域性に着目した用語であるのに対して、クラフトビールはビールの個性や職人技に着目した用語と言えます。現在も小規模醸造所は増加を続けており、その数は2023年時点で800か所を超えています(きた産業調べ、発泡酒製造免許を含む)。

醸造所、醸造家は英語で?
醸造所はブルワリー(brewery)、醸造家はブルワー(brewer)です。

Q20:次のAからCの出来事を、古い順に並べたものを選択肢より選べ。(2級)
A:「サントリー純生」発売
B:「アサヒスーパードライ」発売
C:「タカラビール」発売
❶A→B→C
❷A→C→B
❸C→A→B
❹C→B→A

A20:❸

発泡酒の登場

発泡酒は戦時中に軍部が命じた代用ビール開発に始まり、昭和30年代までは低価格を訴求して広く販売されていました。その後の生活レベルの向上により日陰の存在になりましたが、バブル崩壊による価格破壊で突如復活します。1994(平成6)年の「サントリーホップス〈生〉」発売以降、各社が追随しました。

▲サントリーホップス(生)

1996（平成8）年に1度目の発泡酒増税が行われましたが、長引く不景気で低価格の発泡酒の成長は続きます。1999（平成11）年から毎年増税が検討され、業界あげての反対運動がニュースとなりますが、ついに2003（平成15）年に2度目の増税が行われました。その後も発泡酒戦争は続きますが、第3のビールの登場によって、価格優位性よりも低カロリーなどの機能性訴求が主力になっていきます。

過去問

Q21：「第3のビール」（新ジャンル）カテゴリーとして最初に発売された商品を、次の選択肢より選べ。（3級）
❶ホップス
❷北海道生搾り
❸のどごし〈生〉
❹ドラフトワン

第3のビール（新ジャンル）の登場

2003（平成15）年、サッポロビールが麦芽も麦も使用せず、エンドウタンパクを原料とした新しいカテゴリーのビールテイスト飲料「ドラフトワン」を開発し、九州4県でテスト販売します。翌年に全国発売して大ヒット商品となりました。その後、各社が追随して第3のビールは急成長しました。第3のビールとは、ビール、発泡酒に次ぐ3番目のビールという意味で、マスコミによる造語です。

▲ドラフトワン

現在のビール市場

ビール、発泡酒、新ジャンルを含めたビール類全体の市場規模（大手4社の出荷数量計）は、2023年で約3億3千万箱でした。その内訳は、ビール1億7千万箱、発泡酒5千万箱、新ジャンル1億1千万箱です。ビール類全体の市場規模は1994年のピーク時の5億7千万箱と比べると4割以上も縮小しています。

近年は、健康志向の高まりを背景にカロリーや糖質などを減らした機能系やノンアルコールの市場が拡大しています。機能系は2020〜2021年にビール分野で「糖質0」の商品が登場したことで市場が大きく拡大しました。2023年の機能系商品の出荷数量は6,437万箱でビール類全体の19.2%を占めています。ノンアルコールビール（アルコール分0.00%）市場は2009年の道路交通法改

A21：❹

正で急増し、その後も年々市場規模が拡大。2023年年間のノンアルコールビールの出荷数量は2,128万箱の規模にまで達しています。この数字には含まれませんが、アルコール１％未満の「微アルコール」やアルコール３％台の「低アルコール」を訴求した商品も登場しており、ノンアルビール周辺市場も拡大しています。

ビール、発泡酒、新ジャンルの酒税額は、2020年10月、2023年10月、そして2026年10月の3段階の改正を経て、350ml缶あたり約54円に統一されます。これによりビールは減税になることから、ビール大手各社はビール定番ブランドやビール大型新商品への取り組みを強めています。

また、クラフトビールが勢いを増しています。日本の小規模醸造所数は、2023年12月には805か所と５年間で倍以上となりました（きた産業調べ）。クラフトビールの多様な魅力が支持されており、国内ビール大手各社でもそれらに触発された取り組みが増えています。特にキリンビールは「クラフトビール戦略」を掲げ、2014年にヤッホーブルーイングと資本提携、2015年にはパブを併設した醸造所「スプリング・バレー・ブルワリー」を開業、2017年からは飲食店向けクラフトビール専用ディスペンサー「タップ・マルシェ」を展開。キリン社以外では、アサヒビールは2021年にスコットランドのブリュードッグと共同でマーケティングに特化した「ブリュードッグ・ジャパン」を設立、サッポロビールは2018年に消費者とビールを共創する「ホッピンガレージ」を開始しています。

今後は、2026年10月の税制改正によるビール減税も追い風になり、分野別にはビールシフトがさらに進み、ビール分野の中では定番ブランドへの回帰や様々な構造変化が進んでいくことが考えられます。

※上記出荷数量は醸造産業新聞社の推定値（国内大手４社計、大びん換算）

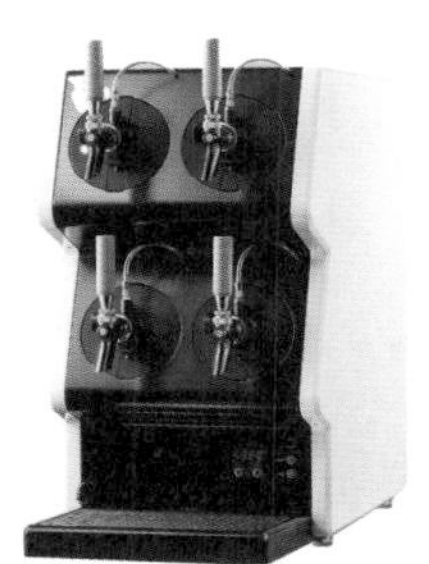

▲タップ・マルシェ

過去問

Q22:日本でノンアルコールビールは2009年以降急増するが、その大きな要因となった出来事を、次の選択肢より選べ。（２級）
❶酒税法の改正
❷道路交通法の改正
❸未成年飲酒禁止法の改正
❹ホームブルーイングの解禁

知っトク

YEBISU BREWERY TOKYO

街の名になったビール、ヱビス。そのヱビスビールが、ブランド生誕の地である東京・恵比寿で、35年ぶりにビール醸造を再開。それが、YEBISU BREWERY TOKYOです。2024年4月、恵比寿ガーデンプレイス内に開業しました。

▲YEBISU BREWERY TOKYO

A22:❷

BEER COLUMN

文豪とビール

文豪、森鷗外は、医学者でもありました。1884（明治17）年から4年間、陸軍医としてドイツ留学をしています。ミュンヘン大学衛生学教室では、ビールの利尿作用について研究しました。鷗外自身と同僚が、ビール、ワイン、炭酸水、ホップを煎じた汁などを飲んで、一定時間後の尿の容量や比重を測るという地味な実験ですが、日本初のビールに関する医学的研究です。

一方、留学中の日記には、ビアホールやオクトーバーフェスト、醸造所と、さまざまなところでビールを楽しんだ様子も記されています。

鷗外と並び称される文豪、夏目漱石。代表作の『吾輩は猫である』（1905〜1906年）のラストは主人公、猫の「吾輩」がビールを飲んで酔っ払い、水がめに落ちて死ぬのです。この他にも作品にビールを何度も登場させている夏目漱石は、1900（明治33）年から2年間、イギリスに留学しています。イギリスもドイツと並ぶビールの本場です。しかし漱石は鷗外と違い、ビールを楽しむことはできなかったようです。下戸のためビール1杯で顔が真っ赤になってしまうという記録があります。

▲『吾輩は猫である』初版本

ぐんと時代は進み、現代の文豪、村上春樹。1979（昭和54）年のデビュー作『風の歌を聴け』（講談社文庫）は、主人公の「僕」と相棒の「鼠」がビールを飲みまくる小説として知られています。「一夏中かけて、僕と鼠はまるで何かに取り憑かれたように25メートル・プール一杯分ばかりのビールを飲み干し」青春を過ごすのです。その後も、村上春樹の小説には、多くのビールが登場しています。

▲村上春樹のデビュー作『風の歌を聴け』

BEER COLUMN

なぜ大びんの容量は633ml?

大びんの容量はなぜ633mlと中途半端な数値なのでしょうか。

答えは、1944（昭和19）年に、当時の各ビールメーカーで使用していた大びんのうち、最も容量が小さかった3.51合（633ml）に統一されたからです。

きっかけは、1940（昭和15）年に、酒税法が新しく制定されたこと。これにより、ビールの課税上、びんビールの容量を正確にすることが必要となりました。そこで、当時使われていた各社のビール大びんの容量を調べたところ、一番大きなものが3.57合（644ml）、一番小さなものが3.51合（633ml）でした。大は小を兼ねるで、一番小さいものに合わせれば、より大きいびんも使うことができると考えられ、1944（昭和19）年に、ビール大びんの容量は3.51合に統一されました。戦後、メートル法への統一により、容量の単位が合からmlに変わり、大びんは633mlになりました。

なお、小びんも同じような理由で334mlと定められています。

では、500mlとキリがよいサイズの中びんはどのような経緯で誕生したのでしょうか？ それは101ページに記述していますので、そちらをご覧ください。

▲大びん（663ml）、中びん（500 ml）、小びん（334ml）

過去問

Q23: ドイツ留学中にビールの利尿作用について研究をした明治の文豪を、次の選択肢より選べ。（3級）
❶森鴎外 ❷夏目漱石
❸芥川龍之介 ❹太宰治

過去問

Q24: 国産大手ビールメーカーのリターナブルびんには、大びん、中びん、小びんがある。大びんの容量を、次の選択肢より選べ。（3級）
❶500ml ❷568ml
❸633ml ❹750ml

A23: ❶

A24: ❸

Q25：1958（昭和33）年に、日本で最初に缶ビールを発売したビール会社を、次の選択肢より選べ。（3級）
❶アサヒ　❷サッポロ
❸キリン　❹サントリー

BEER COLUMN

日本初の缶ビール

日本最初の缶ビールは、1958（昭和33）年にアサヒビールから発売され、翌1959（昭和34）年にサッポロビール、さらに1960（昭和35）年にキリンビールから発売されました。当時の缶ビールはスチール製で、上蓋、胴、底蓋の3部分からなる3ピース缶で、缶切りで2か所に穴を開けて飲みました。

1965（昭和40）年には缶切り不要のプルトップ缶が登場。1990（平成2）年から国内ビール各社が採用し始めたステイオンタブ方式（缶を開けてもタブが取れない構造）のアルミ製が現在は一般的であり、胴と底が一体となった2ピース缶になっています。

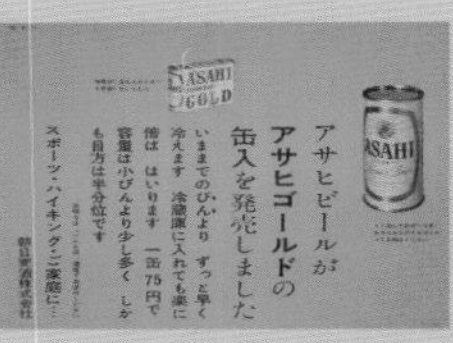

▲缶入「アサヒゴールド」
発売時ポスター（1958年）

▲缶入「アサヒ」プルトップ
発売時ポスター（1965年）

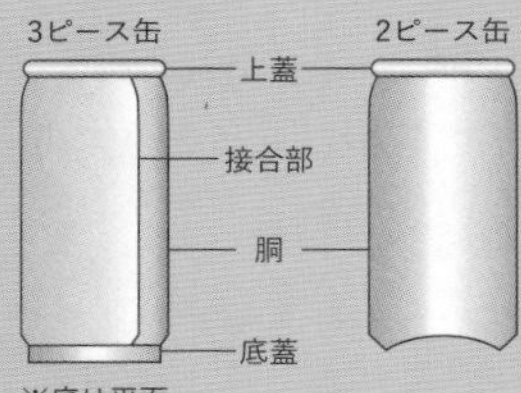

▲3ピース缶と2ピース缶

A25：❶

Chapter 6

日本の酒税法とビール

日本でビール税が導入されたのは1901（明治34）年のこと。
ここでは酒税法を中心に、日本のビールの定義や酒税、
表示基準等をご紹介します。

1. 酒税法と酒類の定義

日本では酒税法によって酒類が定義されています。酒類には、酒税法の規定により酒税が課されます。酒税法において酒類とは、アルコール分1度以上の飲料をいいます。
なお、酒税法とは、酒類の定義や分類・税率など基本的な事項を定めたものです。また、酒税を円滑かつ確実に徴収するために納税義務者や製造免許・販売業免許の取り扱いについても定めています。

過去問

Q1：日本の酒税法では、アルコール何％以上を「酒類」と定義しているか、次の選択肢より選べ。（３級）
❶3%　❷2%
❸1%　❹0.5%

酒類の種類と品目

一般的に酒類は、その製造方法の違いにより「醸造酒」「蒸留酒」「混成酒」の３つに大別されます。酒税法では製造方法や性状等により、酒類を「発泡性酒類」「醸造酒類」「蒸留酒類」「混成酒類」の４つに分類しています。

さらに、酒税法における酒類の大分類を「種類」とすれば、中分類として「品目」があり、17に区分されています。種類が課税上の分類であるのに対し、品目は消費者に定着している酒類の区分に着目した分類です。また、税率の適用区分として「その他の発泡性酒類」があります。

過去問

Q2：日本の酒税法についての説明で、誤っているものを、次の選択肢より選べ。（３級）
❶お酒の定義や分類・税率などを定めている
❷20歳未満の飲酒禁止を定めている
❸製造免許の取扱いについて定めている
❹販売免許の取扱いについて定めている

A1：❸

A2：❷

Q3:日本の酒税法上の「ビール」について、正しいものを、次の選択肢より選べ。(2級)
❶ビールとは麦芽、ホップ、及び水を原料として蒸留させたものである
❷麦芽比率が80%以上のものがビールであり、80%未満はビールに該当しない
❸ビールの副原料に、こうりゃん、ばれいしょ、デンプンは使用できない
❹2018年の酒税法改正で、ビールに使用できる副原料が拡大した

■酒類の課税上の分類(4分類17品目+1区分)

分類	品目
①発泡性酒類(2品目+1区分)	ビール
	発泡酒
	その他の発泡性酒類※
②醸造酒類(3品目)	清酒
	果実酒
	その他の醸造酒
③蒸留酒類(6品目)	連続式蒸留焼酎
	単式蒸留焼酎
	ウイスキー
	ブランデー
	原料用アルコール
	スピリッツ
④混成酒類(6品目)	合成清酒
	みりん
	甘味果実酒
	リキュール
	粉末酒
	雑酒

②~④の15品目のうち、アルコール分10度未満※1
かつ発泡性があるものが「その他の発泡性酒類」※2
※1 2026年10月1日よりアルコール分11度未満に変更予定。
※2「その他の発泡性酒類」は品目ではない。

2.日本のビールの定義と酒税

2018(平成30)年4月1日から酒税法におけるビールの定義が変更となりました。麦芽比率の引き下げや使用できる副原料の拡大により、それまで発泡酒として扱われていたものの一部がビールとして認められるようになりました。また、ビール・発泡酒・新ジャンルの税率は、2026(令和8)年10月までに3段階の税率改正を経て統一されていきます。

● 酒税法等の改正(平成29年度税制改正)

A3:❹

2006(平成18)年5月の酒税法改正では、酒類間の税率格差を縮小するべく酒類を４種類17品目に分類する酒税改革が行われました。財務省による「平成29年度税制改正」では、酒税制度の簡素化・合理化とともに、同一分類間（ビール、発泡酒、新ジャンルなど）の税率格差の解消、ビール産業の国際競争力強化、特色あるクラフトビールの開発などを目的とした酒税法等の改正を段階的に実施することが決まりました。

この改正を受け、2018（平成30）年４月１日から酒税法におけるビールの定義が変更となりました。麦芽比率の引き下げや使用できる副原料の拡大により、それまで発泡酒として扱われていたものの一部がビールとして認められるようになりました。

また2023（令和5）年10月からは発泡酒の定義が改正され、いわゆる新ジャンル（第３のビール）が発泡酒に含まれることになりました。ビール・発泡酒・新ジャンルの税率は、2026（令和8）年10月までに３段階の税率改正を経て統一されていきます。

ヒューガルデンホワイトは「発泡酒」？

ベルギーホワイトビールの代表銘柄「ヒューガルデンホワイト」は、副原料に「コリアンダー」や「オレンジピール」を使用しています。そのため、2018年の酒税法改正以前はラベルには発泡酒と表示されていました。現在はビールと表示されています。

ビールの定義

日本の酒税法ではビールは次のように定義されています（第３条第12号）。

> **次に掲げる酒類でアルコール分が20度未満のものをいう。**
> イ　麦芽、ホップ及び水を原料として発酵させたもの
> ロ　麦芽、ホップ、水及び麦その他の政令で定める物品を原料として発酵させたもの※
> ハ　イ又はロに掲げる酒類にホップ又は政令で定める物品を加えて発酵させたもの※
>
> ※その原料中麦芽の重量がホップ及び水以外の原料の重量の合計の100分の50以上のものであり、かつ、その原料中政令で定める物品の重量の合計が麦芽の重量の100分の５を超えないものに限る。

下線の「麦その他の政令で定める物品」は、酒税法施行令によって①「麦、米、とうもろこし、こうりゃん、ばれいしょ、でん粉、糖類またはカラメル」、②「果実（果実を乾燥させ、若しくは煮詰めたもの又は濃縮させた果汁を含む）またはコリアンダーその他の財務省令で定める香味料」と定められています。②は2018（平

Q4：2018年4月の酒税法改正後に追加された副原料で正しいものを、次の選択肢より選べ。（２級）
❶とうもろこし
❷ばれいしょ
❸こうりゃん
❹かつお節

A4：❹

過去問

Q5:2018年4月の酒税法改正で、新たに追加となった副原料（果実やコリアンダー等香味料）のビールでの使用は、麦芽重量の何％まで認められているか、次の選択肢より選べ。（2級）
❶3%　❷5%
❸7%　❹10%

成30）年４月の法改正により追加された副原料で、①は改正前から認められていた副原料です。また点線の「政令で定める物品」「原料中政令で定める物品」は、改正後に追加された副原料のみを指しています。

2018（平成30）年4月の改正では、ビールの麦芽比率（ホップ及び水以外の原料の重量中、麦芽が占める割合）が、約67％以上（厳密には、麦芽と政令で定める物品のうち麦芽を３分の２以上使用する必要がありました）から50％以上に引き下げられました。また改正後に追加された副原料の使用は、麦芽の重量の５％までとされました。したがって、麦芽比率が50％未満のものや使用できる副原料の範囲を超えたものは発泡酒として扱われることになります。

過去問

Q6:財務省による「平成29年度税制改正」における酒税法等の改正の目的にあてはまらないものを、次の選択肢より選べ。（２級）
❶酒税制度の簡素化・合理化
❷同一分類間（ビール、発泡酒、新ジャンルなど）の税率格差の解消
❸ビール産業の国際競争力強化
❹サステナブルな原料調達の推進

改正後に追加された副原料

イ　果実（果実を乾燥させ、若しくは煮詰めたもの又は濃縮させた果汁を含む）
ロ　コリアンダー又はその種
ハ　ビールに香り又は味をつけるため使用する次の物品
①こしょう、シナモン、クローブ、さんしょう、その他の香辛料又はその原料
②カモミール、セージ、バジル、レモングラス、その他のハーブ
③かんしょ、かぼちゃ、その他の野菜（野菜を乾燥させ、又は煮詰めたものを含む）
④そば又はごま
⑤蜂蜜、その他の含糖質物、食塩又はみそ
⑥花又は茶、コーヒー、ココア若しくはこれらの調整品
⑦かき、こんぶ、わかめ又はかつお節

◀コリアンダーの種

A5:❷
A6:❹

■ビールの定義の変更(2018年4月1日～)

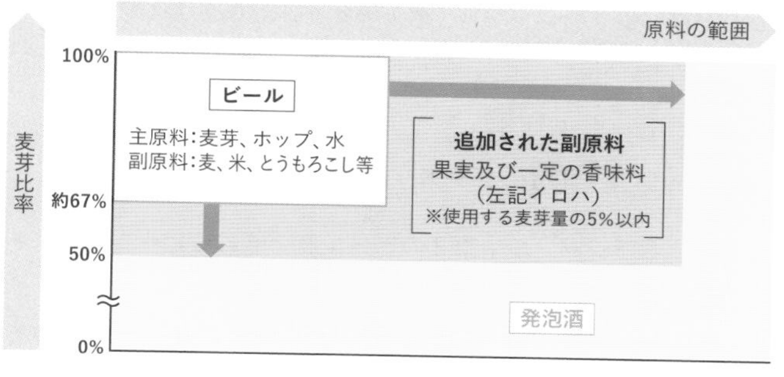

発泡酒の定義

発泡酒は日本特有の品目で、ビールの原料として使用できる範囲を超えたものや、麦芽比率の低いものなどがあります。酒税法では次の要件を満たす酒類をいいます(第3条第18号より)。

Q7:2026年10月に、ビール、発泡酒、新ジャンルの酒税額が統一されるが、その金額は350mlあたりいくらか。次の選択肢より選べ。(3級)
❶約38円　❷約47円
❸約54円　❹約63円

2018年4月時点の定義

①麦芽又は麦を原料の一部とした※酒類で発泡性を有するものをいう。(アルコール分が20度未満のもの)

②清酒、合成清酒、連続式蒸留焼酎、単式蒸留焼酎、みりん、ビール、果実酒、甘味果実酒、ウイスキー、ブランデー又は原料用アルコールに該当しないもの。

③麦芽又は麦を原料の一部としたアルコール含有物を蒸留したものを原料の一部としたものを除く。

※原料の「一部とした」とは、原料の「全部とした」ものを含みます。

2023年10月からの定義

次に掲げる酒類で、発泡性を有し、アルコール分が20度未満のもの。

イ　2018年4月現在の定義

ロ　イ以外の酒類で、ホップ又は財務省令で定める苦味料を原料の一部としたもの

ハ　イ又はロ以外の酒類で、香味、色沢その他の性状がビールに類

A7:❸

似するものとして政令で定めるもの

上記ロにより新ジャンル（第３のビール）の品目は発泡酒に変更となりました。

新ジャンル（第3のビール）とは

いわゆる新ジャンルや第３のビールと呼ばれるビールテイスト飲料は、一般的に次の２通りの製法があります。

①糖類、ホップ、水及び麦芽以外の物品（穀物など政令で定めるもの）を原料として発酵させた酒類でエキス分が2度以上のもの。

➡2023年9月までの品目は「その他の醸造酒」

②政令で定める発泡酒に、政令で定める麦由来のスピリッツを加えた酒類でエキス分が2度以上のもの。

➡2023年9月までの品目は「リキュール」

いずれの製法であっても「その他の発泡性酒類」の要件（ビール・発泡酒以外、発泡性あり、アルコール分10度未満）を満たすことが前提となります。

なお、新ジャンル（第３のビール）は、2023年10月の法改正を受け「その他の醸造酒」または「リキュール」から「発泡酒」へと品目が変更されています。表示は「発泡酒②」になります。

ビール、発泡酒、新ジャンル（第3のビール）の酒税率

財務省による「平成29年度税制改正」を受け、「ビールの定義」の改正（2018年４月）、「発泡酒の定義」の改正（2023年10月）及び段階的な酒税の税率改正が実施されます。

これにより、ビール、発泡酒、新ジャンルの酒税率は、次の図の通り３段階の改正を経て2026年10月に、350ml缶あたり約54円に統一されます。麦芽比率が25％未満の発泡酒や新ジャンルは増税になりますが、ビールは減税になります。

諸外国との酒税比較

日本のビールの酒税額は、国際的に見ると、非常に高率かつ高額です。2026年10月に350ml缶あたり約54円に減税されても、依然としてフランスの約3倍、ドイツの約11倍、アメリカの約5倍と大きな差があります。

■各国のビールの酒税額
(350ml缶あたり)

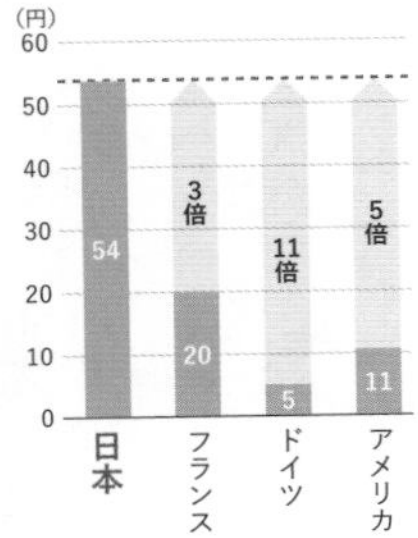

※出典:「ビール・発泡酒の酒税に関する要望書」(ビール酒造組合、2023年1月)
アメリカはニューヨーク市のデータ。邦貨換算レートは2023年1月中における実勢相場の平均値、端数は四捨五入。日本は2026年10月以降の酒税額。

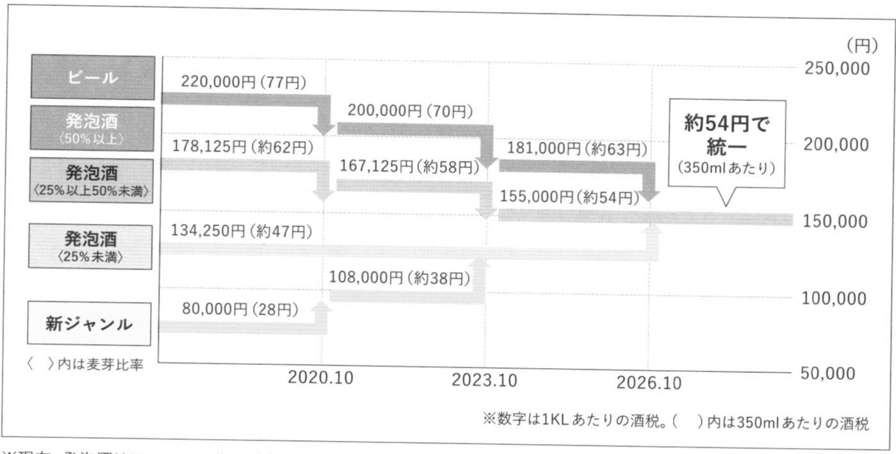

※現在、発泡酒はアルコール分及び麦芽の使用比率によって酒税の税率が定められている。
※麦芽比率：ビールの品目判定では「ホップ及び水以外の原料の重量中、麦芽が占める割合」と定義されている。しかし、発泡酒の税率適用では「水以外の原料の重量中、麦芽が占める割合」となっており計算方法（ホップの取扱い）が異なる。

BEER COLUMN

日本のビールの表示について

国産ビールの表示については、酒類業組合法（第86条の5、6、施行令第8条の3、4）、食品表示法（第4条、食品表示基準）により、必要とされる表示事項が決まっています。また、消費者の適正な商品選択を保護し、公正な競争を確保するため、1979（昭和54）年ビール酒造組合により「ビールの表示に関する公正競争規約」が公正取引委員会の認定を受けて制定され、現在、これに加盟しているビールメーカーは、この規約に基づいて表示を行っています。

その他「酒類の広告・宣伝及び酒類容器の表示に関する自主基準」や各種関連法規等を踏まえ、必要な表示を行っています。

特定用語の表示基準

次の用語が表示されている場合は、それぞれの項目に記載されている基準のビールであることを表しています。これは、任意の表示事項です。

①ラガービール＝貯蔵工程で熟成させたビールです。熱処理（パストリゼーション）に関係なく、貯蔵工程で熟成されたビールは、ラガービールです。

②生ビール及びドラフトビール＝熱処理（パストリゼーション）をしていないビールです。表示する場合は「熱処理をしていない」旨を併記します。「非熱処理」と表示する場合もあります。

③黒ビール及びブラックビール＝濃色麦芽を原料の一部に用いた色の濃いビールです。

④スタウト＝濃色麦芽を原料の一部に用い、色が濃く、香味の特に強いビールです。

なお、この特定用語の表示基準はビールを4つに分類したものではなく、それぞれの用語を表示する場合の必要条件を定めたものです。したがって、たとえばラガービールの条件と生ビールの条件とを満たしていれば、ラガービールを生ビールと表示することも可能です。これは、4つの項目すべてに当てはまります。

■缶ビールに必要な表示事項

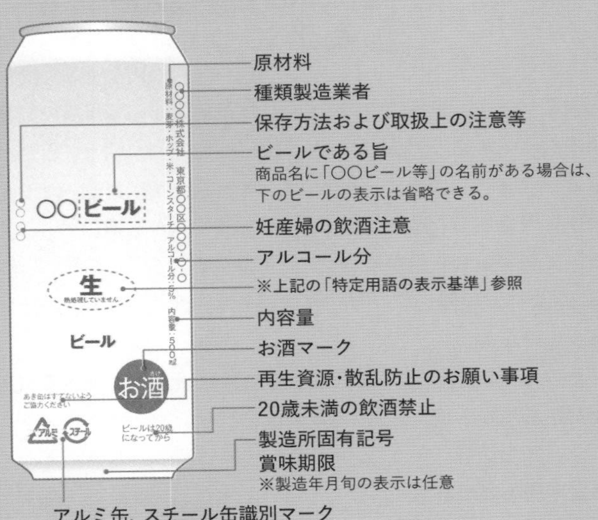

BEER COLUMN

クラフトの定義

アメリカにはクラフトブルワーの定義があります。これを定めたのは2005年設立のブルワーズ・アソシエーション（通称：BA）です。

ブルワーズ・アソシエーション（BA）の定義

・Small（小規模。年間製造量が600万バレル以下）

・Independent（独立。酒類関連企業の株式所有は25％未満）

・Brewer（醸造者。醸造免許またはブランドの知的財産権を保有し、米国内で醸造と販売を行っている）

当初この定義は「小規模（Small）」「独立（Independent）」「伝統（Traditional）」の３条項で始まりました。1番目の「小規模」は最初、年間製造量が200万バレル以下でしたが、サミュエルアダムスで有名なボストンビール社の成長につれて増え、現在は600万バレルです。2番目の「独立」は、酒類関連企業の株式所有は25％未満、という基準です。3番目の「伝統」は、基幹商品がオールモルトか、出荷量の5割以上がオールモルトあるいは風味を強化する目的で副原料を使用した製品、ということでした。アメリカ大手の軽いラガーを排除する条項でしたが、2014年の改正で副原料云々の代わりに「伝統的または革新的な原料と発酵に由来する風味のビール」と変更され、さらに2018年にはす

公正競争規約とは？

公正取引委員会及び消費者庁長官の認定を受けて、事業者又は事業者団体が表示又は景品類に関する事項について自主的に設定する業界のルールのことです。

Q8：日本のビールの表示基準における「生ビール」に該当するものはどれか。次の選択肢より選べ。（３級）
❶樽詰ビール
❷非熱処理ビール
❸淡色ビール
❹下面発酵ビール

1バレルは何リットル？

1バレル（barrel）は160 L弱（正確には158.987…L）で、ビール大びん×20本換算で約12.5ケース、ビール350ml×24本換算で約18.9ケースです。
アメリカのクラフトブルワーの「小規模」の基準である年間600万バレルは、大びん換算で7千万ケース超で、日本におけるサッポロビールの年間製造数量よりも多い数量となります。

A8：❷

過去問

Q9:2018年に日本でクラフトビールの定義を発表した団体はどれか、次の選択肢より選べ。(2級)
❶ビール酒造組合
❷全国地ビール醸造者協議会
❸日本地ビール協会
❹日本ビアジャーナリスト協会

べて削除されました。新しい定義では「小規模」と「独立」はそのままで、「伝統」の代わりに「醸造者(Brewer)」が入りました。

日本でも2018(平成30)年5月に、JBA全国地ビール醸造者協議会より「クラフトビール(地ビール)の定義」が発表されました。内容はBAと同様にクラフトブルワーの定義になっていますが、この定義に当てはまる醸造者のビールがクラフトビール(地ビール)であるとしています。

JBA全国地ビール協議会の定義

1. 酒税法改正(1994年4月)以前から造られている大資本の大量生産のビールからは独立したビール造りを行っている。
2. 1回の仕込単位(麦汁の製造量)が20キロリットル以下の小規模な仕込みで行い、ブルワー(醸造者)が目の届く製造を行っている。
3. 伝統的な製法で製造しているか、あるいは地域の特産品などを原料とした個性あふれるビールを製造している。そして地域に根付いている。

一方で、現在の日本において「クラフトビール」という用語は、酒税法や公正競争規約における定義がないこともあり、もう少し広い意味で使用されています。例えば、キリンビールでは、クラフトビールを「**おいしさにこだわった造り手の感性と創造性が楽しめるビール**」と定義し、「SPRING VALLEY(スプリングバレー)」などの「クラフトビール事業」を展開しています。

A9:❷

Part 3

ビールの文化

Chapter 7

ビール文化と触れ合う場

やはりビールは実際に飲んでみないとわからないものです。
プロが注ぐビールの味を堪能したり、ビールイベントで飲み比べをしたり……学んだ後に飲むビールは一層おいしく感じられるはずです。

日本でのビアバー、ビアパブの広がり

日本で海外のビールが広く知られたのは、1980年代に大手ビール４社がバドワイザーやハイネケン、クアーズ、ミラーなどの著名な海外ブランドの輸入代理店として販促を強化してからです。当時の戦略は若者向けにファッション性を訴求するもので、世界のビールの多様性に注目していたわけではありませんでした。

同時期に、多品種の輸入ビールを目玉にしたビアバーも少数ながら登場しました。なかでも、1986（昭和61）年に神田で開業したベルギービール専門店「ブラッセルズ」や、1996（平成８）年にリニューアルして「全国の地ビールを飲める店」となった、東京・両国の「麦酒倶楽部ポパイ」などが注目を集めていました。

2010年代に入ると、ビアパブは急成長します。とりわけ、2011（平成23）年に東京・虎ノ門で開業した「クラフトビアマーケット」は、各地のクラフトビール30種類が均一の低価格で飲めると人気となりました。

▲クラフトビアマーケット虎ノ門店

また、全国各地にあるクラフトビールの会社が**大都市を中心にアンテナショップを展開している事例**もあります。長野県のヤッホーブルーイングは東京都内に「YONA YONA BEER WORKS」、三重県の伊勢角屋麦酒は「伊勢角屋麦酒 東京八重洲店」、大阪府箕面市の箕面ビールは大阪市内に「BEER BELLY」といった飲食

ビアフライト
ビールのテイスティングセットのこと。通常よりも量が少なめのグラスで提供され、複数種類のビールの飲み比べができます。

タップ
タップとは、樽詰のビールの注ぎ口のこと。タップの数＝樽の数、つまり飲めるビールの種類を指します。10タップのお店といえば、10種類のビールを飲むことができるお店ということです。

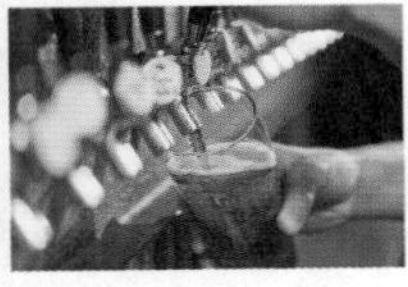

店を出店。海外ブランドでは、ブリュードッグの「BrewDog Roppongi」(東京・六本木) やブルックリン・ブルワリーの「B」(東京・日本橋)、ミッケラーの「Mikkeller Tokyo」(東京・渋谷) などがあります。

出来立てビールが味わえるブルーパブ

▲ブルーパブ (Y.Y.G.Brewery & Beer Kitchen)

ブルーパブ(brew pub)とは、店内に醸造所を併設している飲食店のことです。ブルー (brew) とは「醸造」を意味します。店内で醸造された種類豊富なビールを、鮮度の高い状態で、かつ手ごろな値段で味わうことができるのが魅力です。地方や郊外などで醸造所の横に大型レストランを併設している店もありますが、近年は繁華街の中の小さな敷地やビル内でも醸造設備を設け、バーの形態で運営する店が増えてきました。

日本の酒税法の場合、製造免許を取得するために必要な年間最低製造数量が、**ビールは60kl、発泡酒は6kl**です。このため、年間最低製造数量がより少ない発泡酒製造免許で開業しているブルーパブも多くあります。

ブルーパブの醍醐味は、店内で醸造しているため、ブルワー (ビール醸造を行う職人) が作業しているところを間近に見ながら飲むことができる場合があります。ブルワーからビールを直接サーブしてもらう機会に恵まれたら、そのままカウンター越しにビール談義に花が咲きます。

定番銘柄だけではなく、季節や期間限定などで個性あふれるビールが提供されることも多く、何度行っても違う味わいを楽しめることでしょう。

過去問

Q1:1986(昭和61)年に東京・神田で開業したベルギービール専門の飲食店を、次の選択肢より選べ。(3級)
❶麦酒倶楽部ポパイ
❷ブラッセルズ
❸クラフトビアマーケット
❹BEER BELLY

過去問

Q2:「ブルーパブ」とは何か。最も適切なものを、次の選択肢より選べ。(3級)
❶店内でビールを醸造し提供する飲食店のこと
❷有名な注ぎ手がいる飲食店のこと
❸店内でビールが飲める酒販店のこと
❹鎮静効果のある青色の照明を使用している飲食店のこと

A1:❷

A2:❶

基本のキ

「注ぎ手」の読み方
「ツギテ」です。「ソソギテ」ではありません。

過去問

Q3:「灘コロンビア」「ビアライゼ'98」「銀座ライオン」「キリンシティ」「ビールスタンド重富」。各店に共通する特徴として最も適しているものを、次の選択肢より選べ。（3級）
❶有名な注ぎ手が輩出もしくは在籍している
❷常時20種類以上のビールを提供している
❸マイクロブルワリーを併設している
❹大手ビール会社の子会社である

A3:❶

注ぎ手で変わるビールの味わい※1

日本のビールは、ピルスナー中心で香味の差が小さいといわれてきました。一方、生ビールは同じブランドでも格上として評価されていました。そこで、理想の注ぎ方を追求して差別化を図る「こだわりの注ぎ手」が登場してきます。

1949（昭和24）年に東京駅近くで開業した「**灘コロンビア**」の**新井徳司**※2が注ぐ生ビールは、泡がきめ細かく「楊枝が立つ」と絶賛されました。その注ぎ方は、弟子の**松尾光平**（**東京・新橋「ビアライゼ'98」**）に継承されています。

その後、ビアホールチェーンにも有名な注ぎ手が登場しました。「**ニユートーキヨー**」の**八木文博**※3はテレビ出演し、目隠ししたまま連続5杯注いで泡の高さを揃えて見せました。「**ビヤホールライオン銀座7丁目店**」には、**海老原清**が注ぐ日を目指して来店するファンがたくさんいました。松本ラガーが飲みたいとファンが集まった「**キリンシティ**」の**松本宏**※4。

▲現存する日本最古のビヤホール「ビヤホールライオン銀座七丁目店」

ビヤホールチェーン以外の注ぎ手としては、次のような人がいます。広島・銀山町の「**ビールスタンド重富**」のマスターであり、麦酒伝道師として幅広く活動している**重富寛**。東京・新橋「DRY-DOCK」の元店長で、日本一おいしいスーパードライと絶賛された「サトウ注ぎ」で知られる**東京・新橋「ブラッセリービアブルヴァード」の佐藤裕介**。現代と昭和の2つのサーバーを使い、同じビールとは思えない味わいを注ぎ分ける**東京・中野「麦酒大学」の山本祥三**。

このように、注ぎ方にこだわって既存ブランドから別次元のおいしさを引き出す注ぎ手は、今日でも次々と登場しており、ビールファンたちの注目を益々集めています。

※1:本文中は敬称略とさせていただきました。 ※2:1993年逝去
※3:2020年ニユートーキヨー退社 ※4:2021年キリンシティ退社

BEER COLUMN

注ぎ手がビールを完成させる

ピルスナーの元祖として知られるピルスナーウルケルには、“醸造家がビールを醸造し、注ぎ手がビールを完成させる”というブランド理念があります。**ハラディンカ(Hladinka)、ミルコ(Mlíko)、シュニット(Šnyt)といった伝統的な注ぎ方**を守るため、ピルスナーウルケルはプロの注ぎ手タップスターを育成しています。

タップスターは、チェコ・ピルゼンでの5日間にわたるプログラムを修了し、試験に合格することで認定されます。

ハラディンカ		最も伝統的な注ぎ方。先に泡を入れ、その下にビールを注いで味わいを引き出します。泡の量は指3本分。炭酸感は穏やかで、苦味と甘味のバランスが程よい味わいです。
ミルコ		泡だけでグラスを満たすスタイル。泡を楽しむピルスナーウルケルならではの飲み方。濃厚な泡から甘味が感じられ、食後にもおすすめです。
シュニット		タップスターにだけ認められた特別な注ぎ方。ピルスナーウルケルの味わいをより強調し、より深いアロマを感じられる一杯です。

Q4:「ピルスナーウルケル」を最高の品質で提供し、自らの言葉でその歴史や品質を語り、ブランドの魅力を発信していく役割を担う注ぎ手の名称を、次の選択肢より選べ。(1級)
❶タップスター
❷ビアソムリエ
❸超達人
❹タップエリート

A4:❶

BEER COLUMN

古き良き「スイングカラン」

昭和初期から使われているドラフトビールの注ぎ口「スイングカラン」が、今改めて注目されています。ハンドルを左右に回すことでビールを出したり、流速を変えたりする構造です。ビールの出る勢いが強いので、混み合うビアホールなどで素早く注ぐことができるという利点があります。一方で、「泡切り３年、注ぎ８年」という言葉があるほどその取り扱いは難しく、注ぎ手の熟練の技が要求されます。そのため、昭和後期には泡づけ機能の付いたカランが主流となり、スイングカランは自然淘汰され老舗ビアホールなど一部の店舗だけのものとなりました。

それが近年、前述の重富寛の啓蒙活動などにより、注ぎ手の個性が出るスイングカランならではの特別な味わいが、ビールファンの間で注目を集め、新たにスイングカランを設置する店も出てきているようです。

▲スイングカラン
（ビヤホールライオン銀座七丁目店）

過去問

Q5:スイングカランとは何か。次の選択肢より選べ。（2級）
❶回転式のハンドルで開け閉めできるカラン
❷ビールを注出する際に管楽器のような音が鳴るカラン
❸注ぎ手がゴルフのスイングをするように注出するカラン
❹泡付け法でゆっくり注ぐのに適したカラン

A5:❶

ビアフェスティバルによる地域活性化

全国各地で多くのビアフェスティバルが開催されています。そのルーツの１つは、1959（昭和34）年に始まったさっぽろ大通ビアガーデンです。さっぽろ夏まつりの一環として、約1か月にわたり、札幌の中心部にある大通公園で毎年開催される巨大ビアガーデンです。

▲さっぽろ大通りビアガーデン

また、世界最大のビール祭りはミュンヘンのオクトーバーフェストですが、日本でも同名のビール祭りが各地で盛大に行われるようになりました。

その他代表的なビールイベントとしては、2009（平成21）年に始まったけやきひろばビール祭り（埼玉県・さいたま新都心）や、2010年に始まったベルギービールウィークエンドなどがあります。

ビール審査会を併設するイベントもあります。日本地ビール協会は1996（平成８）年からインターナショナル・ビアカップを主催しています。毎年開催されるコンテストとしては世界で3番目に長い歴史を持っています。国内外からビール専門家が集まり出品ビールを審査、その後は一般参加者も参加できる試飲会が設けられています。2014年から始まったJAPAN BREWERS CUPは、ブルワーによるビール審査会とビールフェスティバルの２本立てです。

Q6：ベルギービールウィークエンドの説明として正しいものを、次の選択肢より選べ。（２級）
❶ベルギーで開催される日本ビールの紹介
❷一般客は入場できず、飲食店関係者のための展示会
❸週末だけ開催するビアフェスティバル
❹ベルギービールを100種類以上飲めるビアフェスティバル

A6：❹

BEER COLUMN

世界最大のビールの祭典「オクトーバーフェスト」

世界一のビール祭りとして知られるオクトーバーフェスト。ドイツ・バイエルンの州都ミュンヘンで行われ、世界中から毎年600万人以上が来場します。麦の収穫と新しいビールの醸造シーズンの幕開けを祝う祭りとされていますが、実はもともとはビールの祭りではありませんでした。1810年、バイエルン王国のルートヴィヒ王太子とザクセン＝ヒルトブルクハウゼン公国の公女テレジアとの結婚を祝う祭典が、現在のオクトーバーフェストの会場で行われました。城壁の前の緑地では大規模な競馬が催され、以来この緑地が「テレージエン ヴィーゼ（Theresien Wiese：テレジアの緑地）」と呼ばれるようになりました。バイエルンの王宮は市民を喜ばせるために、翌年も同じ時期に競馬を開催すると発表し、ここからオクトーバーフェストの伝統が始まったのです。

200年以上の歴史を経た現在、開催期間は９月中旬の土曜日に始まり、10月の第１日曜日を最終日とする16日間となっています（第1日曜日が1日か2日となる場合には祝日である「ドイツ統一の日」の10月3日まで開催）。

過去問

Q7: 世界最大のビールの祭典「オクトーバーフェスト」が開催されるドイツの都市を、次の選択肢より選べ。（3級）
❶ベルリン
❷ミュンヘン
❸ハンブルク
❹ケルン

過去問

Q8: ドイツで開催される世界最大のビールの祭典「オクトーバーフェスト」でビールを提供できるのは、地元ミュンヘンの6つの醸造所に限られるが、それに該当するものを、次の選択肢より選べ。（2級）
❶ヴァイエンシュテファン
❷ビットブルガー
❸シュパーテン
❹エルディンガー

過去問

Q9: ドイツの「オクトーバーフェスト」で使用される「マス」と呼ばれるジョッキの容量を、次の選択肢より選べ。
❶0.5L　❷1L
❸1.5L　❹2L

▲複数のマスを運ぶウェイトスタッフ

A7: ❷

A8: ❸

A9: ❷

ミュンヘン市長が木槌で注ぎ口を打ち込むのを合図に幕が開きます。オクトーバーフェスト初日には、ビールの樽を積んだビール醸造会社の馬車が列をなす、顔見世パレードがあります。

▲ハッカープショールのテント内の様子

広大な会場には、小さな屋台や移動式遊園地などのアトラクションがあり、朝から夜まで大にぎわいですが、やはり、祭りの中心はビールや食べ物を出す、約1万席が用意された巨大な14のテントです。**地元ミュンヘン市内の6つのビール醸造会社**（シュパーテン、アウグスティーナ、パウラナー、ハッカープショール、レーベンブロイ、ホフブロイ）だけが、オクトーバーフェスト用のビールをビールテント内で提供することを許可されています。

▲レーベンブロイの馬車

この祭りで提供されるジョッキはすべて**マスと呼ばれる1Lジョッキ**です。このジョッキにビールが次々と注がれ、それをウェイトスタッフが複数個（多い場合は10個以上！）抱えるように運んでいきます。

日本でも、2003年頃からドイツの「オクトーバーフェスト」を倣ったイベントが各地で開催されています。年間数十万人単位のビールファンを集め、ビールの本場ドイツの文化を楽しむイベントとして定着してきています。

BEER COLUMN

ビールで盛り上がる「乾杯！」

　ドイツ式音楽ビアホールの定番ソングは乾杯の歌「アインプロージット」。日本でもビアイベントなどで耳にすることもあるでしょう。乾杯を盛り上げる、古典的なドイツ民謡です。

「♪ Ein Prosit, ein Prosit der Gemütlichkeit ♪」（アイン プローズィット アイン プローズィット デァ ゲミュートリッヒカイト）を2回繰り返し、「Oans, zwoa, drei, g'suffa!」（オァン ツヴォァス ドライ ズッファ！）と歌い手が叫ぶと、客は「Prost!」（プロースト！）と言って乾杯します。「Oans, zwoa, drei, g'suffa」は「1、2、3、飲み干せ！」、「Prost!」は「乾杯」を意味します。

　ドイツ式乾杯で重要なマナーはアイコンタクトです。乾杯の際は、しっかりと相手の目を見て乾杯してください。

　世界にはさまざまな乾杯の言葉があります。各国の「乾杯！」を覚えて、盛り上がりましょう。

国名	代表的な乾杯の言葉
アイルランド	スロンチャ
アメリカ／イギリス	チアーズ、トースト
イタリア	サルーテ
オーストリア／オランダ ドイツ／ベルギー	プロースト
韓国	コンベ
スペイン	サルー
中国	カンペイ（北京語） ゴンプイ（広東語）
チェコ	ナズドラヴィー
デンマーク	スコール
ブラジル	サウージ

オクトーバーフェスト2023の来場者数

ドイツのオクトーバーフェスト2023の来場者数が過去最多の約720万人に上りました（それまでの記録は1985年の約710万人）。2020年、2021年はコロナウイルスの影響で開催中止。3年ぶりの開催となった2022年は約570万人でした。

Q10:ドイツ語で乾杯を意味する言葉を、次の選択肢より選べ。（３級）
❶サルー　❷プロースト
❸チンチン　❹コンベ

Q11:「乾杯」に相当する言葉として、国名と言葉の組合せが誤っているものを、次の選択肢より選べ。（２級）
❶国名:ドイツ、言葉:プロースト
❷国名:チェコ、言葉:サルー
❸国名:アイルランド、言葉:スロンチャ
❹国名:韓国、言葉:コンベ

A10:❷

A11:❷

Chapter 8 ビール文化を支える団体

日本国内のビール文化を支えているのが、
ビールに関連する各種団体です。
ここでは、代表的な団体をご紹介します。

過去問

Q1：日本におけるビールメーカーの業界団体「ビール酒造組合」に加盟しているのは何社か、次の選択肢より選べ。（3級）
❶3社　❷4社
❸5社　❹6社

知っトク

クラビ連

クラビ連とは「日本クラフトビール業界団体連絡協議会」の略称です。2022年4月23日に発足しました。日本地ビール協会、全国地ビール醸造者協議会、日本ビアジャーナリスト協会の3団体が一致団結し、日本にクラフトビール文化を根付かせ発展させる取り組みを開始しました。2025年を「日本のクラフトビール誕生30周年」と位置づけ、「ビアEXPO 2025」を開催する予定となっています。

A1：❸

各ビール団体の取り組み

ビール酒造組合

ビール酒造組合は酒類業組合法に基づいて、1953（昭和28）年に設立され、今日に至っている特別認可法人で、**国内のビール会社5社**（アサヒビール、キリンビール、サッポロビール、サントリー、オリオンビール）で構成しています。監督官庁・関係団体との連絡・折衝をはじめ、ビール業界の健全な発展を図るための公正競争規約の適正な運用、アルコール関連問題への取り組み（20歳未満の飲酒防止、女性の適正飲酒啓発等）、酒税の減税要望活動、物流効率化への取り組みなどを行っています。

また、大麦、ホップ等、主原料の育種に関する対応や、ビールの品質や製造に関する技術向上への取り組み、さらには、食品衛生、環境整備等、食の安全安心への取り組みや、国際化に伴う海外のビール協会、ビール学会との交流も行っています。

JBA全国地ビール醸造者協議会

JBA全国地ビール醸造者協議会は、1999（平成11）年に地ビール製造業の業界団体として、品質向上、販促や広報・啓発、税制への要望などの目的で設立されました。地ビールメーカーの醸造技術向上を目的に、理化学的な成分分析と専門家による官能評価による審査を行う全国地ビール品質審査会を毎年開催しています。

クラフトビア・アソシエーション（日本地ビール協会）

クラフトビア・アソシエーション（日本地ビール協会）は、地ビール解禁の1994（平成６）年にクラフトビールの振興とビアテイスターの養成を目的に設立されました。世界５大ビール審査会の１つに位置づけられる「インターナショナル・ビアカップ」や国内ビールを対象とした「ジャパン・グレートビア・アワーズ」を主催しています。その他にも、国内各地でのビアフェス開催、ビアテイスター、ビアジャッジ、ビアコーディネイターの養成と認定、『ビアスタイルガイドライン』等の書籍の出版・販売など、多面的な活動で国内におけるクラフトビールの振興を図っています。

Q2：次のＡ～Ｃの3つから導き出される人物を、次の選択肢より選べ。（２級）
A:イラストレーター
B:ホップ栽培者
C:日本ビアジャーナリスト協会 代表
❶藤原ヒロユキ
❷鈴木成宗
❸井手直行
❹重富寛

日本ビアジャーナリスト協会

日本ビアジャーナリスト協会は2010（平成22）年に設立され、国内外のビールやイベントの情報をさまざまなメディアで発信しています。また、ビールの伝え手である**ビアジャーナリストを育成**するため、付属教育機関としてビアジャーナリストアカデミーを運営しています。代表理事を務める藤原ヒロユキはビールを中心とした食文化に造詣が深く、各種メディアで活躍。ワールド・ビア・カップをはじめ国内外のビアコンテストの審査員を務め、現在は京都府の与謝野町でホップ栽培も手がけています。

Q3：1994年に設立された「日本地ビール協会」の活動に当てはまらないものを、次の選択肢より選べ。（２級）
❶ビアスタイル・ガイドラインの制定
❷ビアテイスターの養成と認定
❸大麦・ホップの格付け
❹ビール審査会の主催

BEER COLUMN

「世界の5大ビール審査会」をチェックしよう！

ビールを購入する際、審査会の受賞歴を参考にするのも１つの手です。近年、日本のビールも多数受賞しています。

世界5大ビール審査会

IBA（インターナショナル・ブルーイング・アワード）
イギリスで数年に１度開催。1886年に始まる最も

A2:❶

A3:❸

過去問

Q5:1996年からアメリカで開催される「ビールのオリンピック」とも称されるビール審査会を、次の選択肢より選べ。(3級)
❶IBA(インターナショナル・ブルーイング・アワード)
❷IBC(インターナショナル・ビアカップ)
❸WBC(ワールド・ビア・カップ)
❹WBA(ワールド・ビア・アワード)

過去問

Q6:WBA(ワールド・ビア・アワード)を主催する団体を、次の選択肢より選べ。(2級)
❶ヴィクトリア州農業協会
❷ブルワーズ・アソシエーション
❸パラグラフ・パブリッシング社
❹日本地ビール協会

歴史のあるビール審査会。**「ビール業界のオスカー」**と呼ばれる。

AIBA(オーストラリアン・インターナショナル・ビア・アワード)
オーストラリアで年に1度開催。毎年開催されるビール審査会としては世界最大規模を誇る。**主催はヴィクトリア州農業協会**(RASV)。

IBC(インターナショナル・ビアカップ)
日本で1996年から年に1度開催。毎年開催されるビール審査会の中では世界で一番古い歴史がある。主催は**クラフトビア・アソシエーション**。

WBC(ワールド・ビア・カップ)
アメリカで1996年から2年に1度開催(2022年からは毎年開催)。「**ビールのオリンピック**」とも称される審査会。**主催は米国ブルワーズ・アソシエーション**。

EBS(ヨーロピアン・ビア・スター)
ドイツで2004年から年に1度開催、欧州最大のビール審査会。主催はドイツを中心とした**ヨーロッパの小規模醸造者(クラフトビール)協会**。

その他の審査会

WBA(ワールド・ビア・アワード)
イギリスで2007年から年に1度開催。**英国パラグラフ・パブリッシング社が主催**する世界最大級のビール審査会。

A5:❸

A6:❸

BEER COLUMN

ホームブルーイングの興隆とクラフトビールとの融合

アメリカでは1979年にホームブルーイングが解禁されました。原則的に一世帯200gal（約757L）までは、無税でビールがつくれます。その前年にチャーリー・パパジアンによって設立された米国ホームブルワー協会（AHA）は、コンテストやイベント開催でホームブルーイングを盛り上げています。さらにパパジアンが1984年に出版した『コンプリート・ジョイ・オブ・ホームブルーイング』は90万部も売れて、ホームブルワーのバイブルと呼ばれました。

シエラネバダ・ブルーイングの創業者ケン・グロスマンをはじめ多くのクラフトブルワーは、ホームブルーイングの出身です。さらに2005年、パパジアンはクラフトブルワリーとホームブルワーに関わる2つの団体を米国ブルワーズ・アソシエーション（BA）として合併させます。1982年にパパジアンが始めたグレート・アメリカン・ビア・フェスティバルは、BAにより毎秋にコロラド州で開催されています。米国最大のビール祭りであると同時に、100近いビアスタイルで審査が行われ、金・銀・銅メダルが授与されることでも注目されています。

日本では、ホームブルーイングは禁止されていますが、2019年に日本ホームブルワーズ協会（会長：鈴木成宗）が設立。ホームブルーイング特区の実現に向けて活動が始まっています。

Q7：1984年にチャーリー・パパジアンが出版したビールの自家醸造の教科書を、次の選択肢より選べ。（2級）
❶ABC・フォー・ホームブルワー
❷コンプリート・ジョイ・オブ・ホームブルーイング
❸ファースト・ステップ・トゥ・ビア・クリエイター
❹ブリュー・ユア・オウン

伊勢角屋麦酒の社長

日本ホームブルワーズ協会会長の鈴木成宗は、伊勢角屋麦酒（三重県伊勢市）の社長です。著書に『発酵野郎！ ―世界一のビールを野生酵母でつくる―』があります。

A7：❷

Chapter 9 ビールの消費動向

ここでは、世界で広く愛されるビールの消費動向を見ていきます。大まかな動向を眺めていると、ビールの消費量もまた経済や文化と連動する、1つの社会の縮図であることに気が付くでしょう。

1.世界のビール市場

概して人口が多い国ほど、ビールの消費量が多くなっていますが、国民一人当たり消費量で見ると、国別の特徴が見えてきます。

世界のビール消費量

キリンホールディングスの「2022年 世界主要国のビール消費量」調査結果によると、世界のビール総消費量は、約1億9,210万kl（前年比2.9％増）。新型コロナウイルス感染症の影響が緩和され、増加に転じました。ただし、上位10か国では、アメリカ、ドイツ、イギリス、日本がコロナ禍前の2019年比においてマイナスの着地となっています。

国別では、中国（1.0％増）が20年連続で1位となりました。日本（2.5％増）はやや増加するも、2年連続で順位を落とし10位。ウクライナ（25.7％減）は、2021年18位から2022年27位に順位を大きく落としています。ロシアによるウクライナ侵攻の影響とみられます。

地域別では、アジア（4.9％増）の構成比が33.9％で、15年連続で1位となっています。アジアの中でも、ベトナム（27.0％増）、インド（21.6％増）などが大きく増加しました。地域別2位はヨーロッパ（0.8％増）、3位は中南米（6.2％増）、4位は北米（4.0％減）

知っトク

世界のビール消費量、東京ドーム何杯分？

2022年の世界のビール消費量は、東京ドーム約155杯分に相当します。

でした。

国別一人当たりビール消費量では、チェコが188.5Lで30年連続で1位。日本は34.2L、大びん633ml換算で約54本で56位でした。チェコ人は日本人の約5.5倍ものビールを飲んでいる計算になります。

■2022年 国別のビール消費量

22年順位	21年順位	国名	2022年		
			総消費量（万kl）	国別構成比	対前年増減率
1	1	中国	4,203.5	21.9%	1.0%
2	2	アメリカ	2,037.8	10.6%	-4.2%
3	3	ブラジル	1,493.2	7.8%	3.6%
4	5	メキシコ	999.0	5.2%	14.5%
5	4	ロシア	849.7	4.4%	-4.9%
6	6	ドイツ	782.7	4.1%	3.2%
7	9	ベトナム	528.0	2.7%	27.0%
8	7	イギリス	458.7	2.4%	-0.4%
9	10	スペイン	444.1	2.3%	7.5%
10	8	日本	429.4	2.2%	2.5%
11	11	南アフリカ	419.4	2.2%	7.3%
12	12	ポーランド	375.6	2.0%	4.0%
13	14	インド	272.5	1.4%	21.6%
14	13	コロンビア	246.6	1.3%	5.8%
15	15	韓国	227.1	1.2%	7.7%
16	17	イタリア	223.6	1.2%	11.8%
17	16	フランス	220.5	1.1%	7.0%
18	20	チェコ	201.6	1.0%	2.4%
19	19	アルゼンチン	196.6	1.0%	-0.5%
20	21	カナダ	190.2	1.0%	-2.0%
21	22	オーストラリア	184.4	1.0%	-0.5%
22	24	タイ	182.9	1.0%	4.6%
23	23	ルーマニア	174.1	0.9%	-5.8%
24	27	フィリピン	163.3	0.8%	11.4%
25	25	エチオピア	157.1	0.8%	2.8%
世界総合計			**19,208.6**	**100.0%**	**2.9%**

Q1: キリンホールディングスによる「2022年 国別ビール消費量」の調査結果において20年連続で1位の国を、次の選択肢より選べ。（3級改）

❶アメリカ　❷ブラジル
❸中国　❹ドイツ

A1: ❸

■2022年 地域別ビール消費量

地 域	2022年 消費量（万KL）	対前年増減率	地域別構成比
アジア	6,516.0	4.9%	33.9%
ヨーロッパ	4,963.0	0.8%	25.8%
中南米	3,608.2	6.2%	18.8%
北米	2,228.0	-4.0%	11.6%
アフリカ	1,543.2	4.8%	8.0%
オセアニア	225.1	-0.1%	1.2%
中東	125.0	7.1%	0.7%
世界総合計	**19,208.6**	**2.9%**	**100.0%**

■2022年地域別ビール消費量構成比

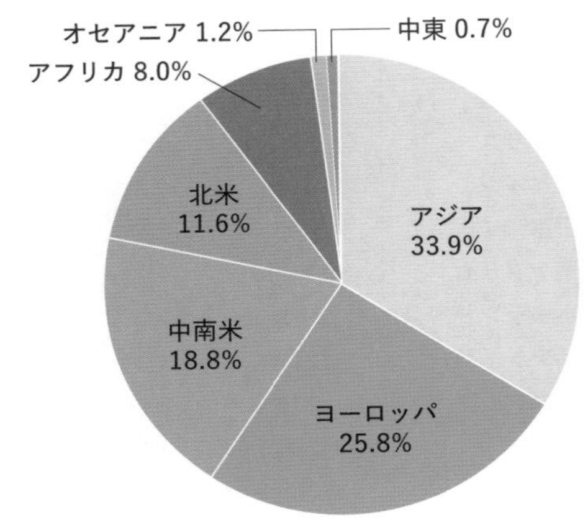

■地域別消費量推移（2013～2022）

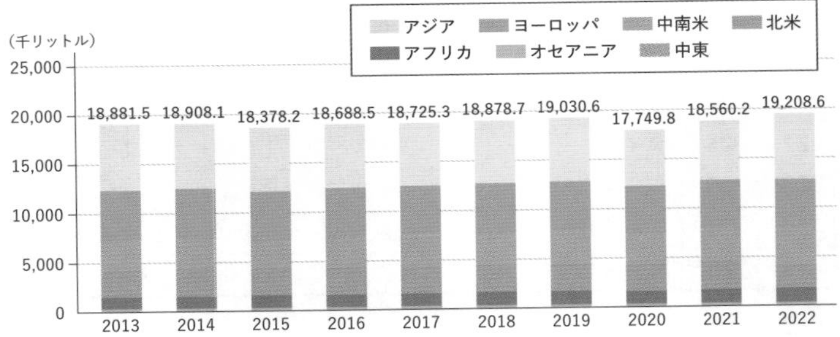

■2022年 国別一人当たりビール消費量

22年順位	21年順位	国名	一人当たり 消費量(l)	大びん(633ml)換算本数	対前年増減本数	日本=1として	総消費量(万kl)
1	1	チェコ	188.5	297.7	6.9	5.5	201.6
2	2	オーストリア	101.2	159.8	3.9	3.0	92.1
3	4	ポーランド	99.6	157.4	6.5	2.9	375.6
4	15	アイルランド	99.3	156.9	32.8	2.9	49.6
5	5	リトアニア	97.6	154.2	3.6	2.9	26.4
6	8	スペイン	95.1	150.2	10.5	2.8	444.1
7	7	ドイツ	93.3	147.4	4.6	2.7	782.7
8	6	エストニア	93.1	147.0	2.1	2.7	12.1
9	3	ルーマニア	91.6	144.7	-8.2	2.7	174.1
10	9	ナミビア	90.8	143.4	8.1	2.7	23.6
11	10	クロアチア	90.0	142.2	12.2	2.6	36.9
12	12	ラトビア	86.0	135.9	9.2	2.5	15.5
13	14	スロベニア	83.9	132.6	8.3	2.5	17.6
14	11	ガボン	82.5	130.4	3.4	2.4	19.0
15	16	ブルガリア	80.4	127.0	3.1	2.4	54.7
16	13	スロバキア	79.9	126.3	0.2	2.3	44.0
17	18	パナマ	79.0	124.8	7.7	2.3	34.8
18	17	ハンガリー	77.8	123.0	1.8	2.3	74.7
19	25	メキシコ	75.9	119.9	14.1	2.2	999.0
20	24	ボスニア・ヘルツェゴビナ	72.3	114.2	8.3	2.1	23.1
21	34	カンボジア	72.2	114.1	27.1	2.1	124.2
22	20	オーストラリア	70.6	111.6	-1.8	2.1	184.4
23	19	フィンランド	70.2	110.9	-3.5	2.1	39.3
24	22	オランダ	70.2	110.9	4.2	2.1	120.7
25	23	ブラジル	69.3	109.5	3.1	2.0	1493.2

[参考]

22年順位	21年順位	国名	消費量(l)	大びん(633ml)換算本数	対前年増減本数	日本=1として	総消費量(万kl)
47	50	韓国	44.3	69.9	5.0	1.3	227.1
56	54	日本	34.2	54.0	1.5	1.0	429.4

【解説】
- チェコは30年連続で1位となった。
- 上位35か国では、消費が減った国は8か国。
- アイルランドは2021年15位から、2022年は4位と急伸長している。

Q2: キリンホールディングスがまとめた「2022年世界主要国のビール消費量」のうちの「2022年地域別消費量」で1位はアジアである。A～Cはアジアに次ぐ2～4位の地域だが、これらを上位順に並べたものを、次の選択肢より選べ。(1級改)
A: 中南米
B: 北米
C: ヨーロッパ
❶A→B→C ❷B→A→C
❸C→A→B ❹A→C→B

Q3: キリンホールディングスによる「2022年 国別一人当たりビール消費量」の調査結果において30年連続で1位の国はチェコだが、その数量は大びん(633ml)換算で約何本か、最も適切なものを選べ。(2級改)
❶90本 ❷300本
❸490本 ❹690本

A2:❸

A3:❷

2. 日本のビール市場

2020年以降は、新型コロナウイルス感染症の影響で市場が大きく変化しました。また、2020年から2026年にかけての段階的な酒税の税率変更により、分野別構成比が変化してきています。

◉縮小傾向の続くビール市場

大びん換算

大びん換算は、日本の大手ビールメーカーがビールの出荷数量などを示す際に使用する単位。大びんは633mlで1箱に20本入っているので、1箱の容量は633ml×20本＝12,660ml（12.66L）になります。

ビール市場は**1994年をピークに縮小傾向**が続いています。「ビール」に比べ低税率・低価格の「発泡酒」「新ジャンル」の登場により、市場シェアがビール→発泡酒→新ジャンルとシフトしている様子が出荷数量推移のグラフから読み取れます。2023年の出荷実績は、容器別には、業務用の「びん」「樽」が大幅増となった一方、「缶」は5.6％減となった。2023年は5月のコロナ5類への移行で人出が戻り業務用がさらに回復する一方、家庭用の缶の減少幅が拡大しました。分野別には「ビール」は6.7％増で2年連続のプラス。業務用の回復と、減税をにらんだ各社のビール注力策が寄与しました。発泡酒は11. 6％増となっていますが、これは大手量販店PB（プライベートブランド）の新ジャンル商品が3月から発泡酒規格に変更となったことが要因。それを除けば発泡酒は前年を下回ったとみられます。発泡酒＋新ジャンル合計では8.2％減となりました。

■国内大手4社のビール類出荷数量推移（1994〜2023年）

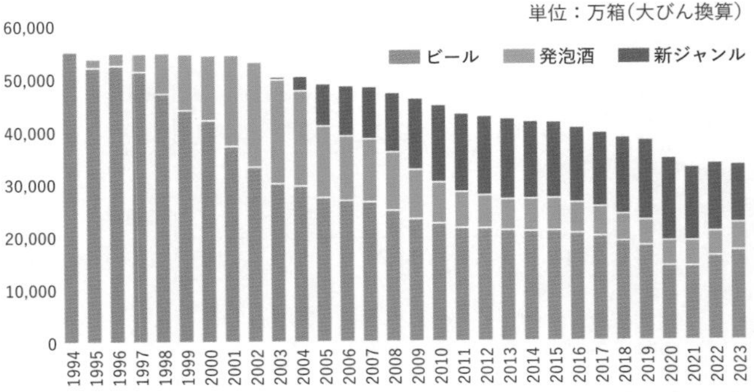

※1994年〜18年は課税移出数量、2019年〜2023年は醸造産業新聞社の出荷数量推計値

■国内大手4社のビール類容器別出荷数量(2023年)

●2023年 容器別出荷数

単位：万箱(大びん換算)

	数量	構成比	前年比	前前年比
びん	1,779	5.3%	118.2%	149.1%
缶	26,444	78.8%	94.4%	91.6%
樽	5,336	15.9%	121.5%	174.8%
合計	**33,559**	**100.0%**	**98.9%**	**101.4%**

※容器別数量は、醸造産業新聞社の推計値(容器別構成比等)から算出
※数値はビール、発泡酒、新ジャンル計

【解説】
2023年5月のコロナ5類移行で業務用のびん、樽が回復。

●2021～2023年の容器別構成比推移

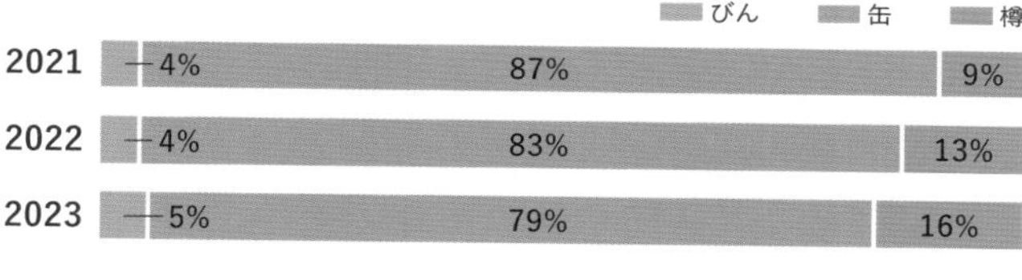

■国内大手4社のビール類分野別出荷数量

●2023年 分野別出荷数量

単位：万箱(大びん換算)

	数量	構成比	前年比	前前年比
ビール	17,308	51.6%	106.7%	121.8%
発泡酒	5,005	14.9%	111.6%	107.0%
新ジャンル	11,246	33.5%	85.1%	79.1%
合計	**33,559**	**100.0%**	**98.9%**	**101.4%**

※醸造産業新聞社の推計値

【解説】
ビールは業務用の回復と、減税をにらんだ各社のビール注力策が寄与し、2年連続の増加。

●2021～2023年の分野別構成比推移

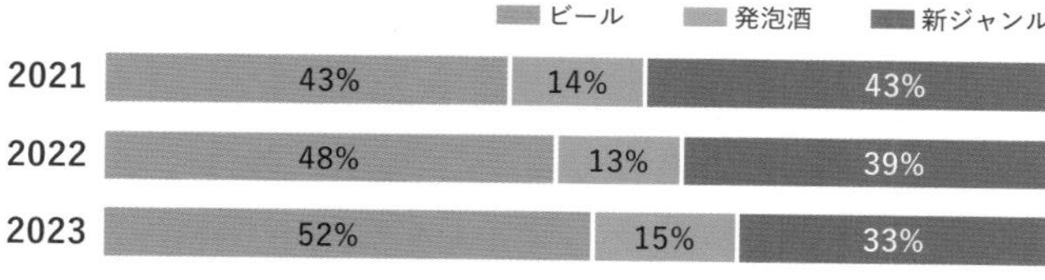

Q4:2003(平成15)年、エンドウタンパクを主原料とした第3のビール(新ジャンル)が発売された。その商品名を、次の選択肢より選べ。(2級)
❶アサヒ 新生
❷キリン のどごし〈生〉
❸サッポロ ドラフトワン
❹サントリー ジョッキ〈生〉

A4:❸

Chapter 10 さまざまなビアスタイル

世界には各地域に根ざしたビールがあります。これらは、原料、発酵の方法、色の濃淡、産地などによって分類できます。この分類を知ることで、ビールの世界がぐんと広がります。

1.ビールの分類

ビールの種類は「スタイル」と呼ばれ、発酵方法で3つに分類されます。さらに原料や製法、香味などの特徴で分類すると、スタイルは150を超えています。

ビアスタイルとは

ビールのスタイルは発酵方法によって大きく3つに分類されます。上面発酵のビールはエールと呼ばれ、豊かな味わいと香りを特徴とし、じっくり味わう飲み方に適しています。歴史的には下面発酵より古くからあります。下面発酵でつくられるビールは長期間熟成を行うため、「貯蔵する」という意味のドイツ語「Lagern(ラーゲルン)」からラガーと呼ばれます。一般的に爽快で飲みやすいのが特徴です。自然発酵は主にベルギーで採用されており、醸造所周辺の空気中に漂う野生酵母を取り込んで発酵が行われます。醸造所ごとに香味が異なり、フルーツなどを加えるタイプもあります。

ビールの分類は、さらに、発祥国、そして原料や製法、香味などの特徴で、右ページの図のように細分化することができます。このように分類されたビールの種類のことを「ビアスタイル」と呼び、その数は150を超えています(数え方にもよりますが、米国ブルワーズ・アソシエーションが毎年発表する「ビアスタイルガイドライン」では150を超えています)。ビアスタイルは皆さんがビールを選ぶ際の指針になります。ビールのラベルやビアバーのメニュ

過去問

Q1:一部の自然発酵ビールを除き、多くのビールは発酵方法の違いで2つに大別される。その2つの組み合わせとして正しいものを選べ。(3級)
❶ヴァイツェンとスタウト
❷淡色ビールと濃色ビール
❸エールとラガー
❹ビールとクラフトビール

A1:❸

ーなどにビアスタイル名が記載されているのを目にしたことがある方も多いのではないでしょうか。それぞれのビアスタイルの特徴や味わい方を知れば、よりおいしく、より楽しく、ビールを飲むことができるでしょう。

■主なビールの分類

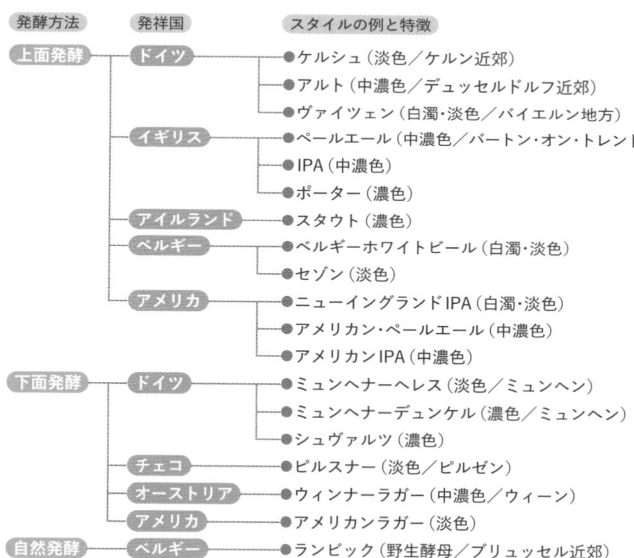

■本書で紹介するビアスタイル発祥国（欧州）

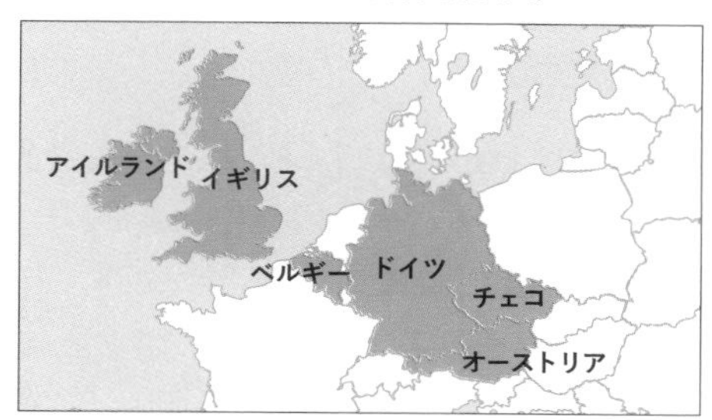

上記のスタイルは数ある中のほんの一部です。このChapterでは、発祥国別にスタイルを紹介していきます。なお、各ビアスタイルの説明については、主にアメリカのBA及び日本のCBAの「ビアスタイルガイドライン」を参考にしています。

過去問

Q2: ラガービールの「ラガー」はドイツ語の「Lagern」を語源とするが、どのような意味があるか、適切なものを、次の選択肢より選べ。（3級）
❶冷蔵する　❷貯蔵する
❸ろ過する　❹熱処理する

基本のキ

ビールのラガーとラグビーのラガー、関係ある？

ラグビー選手を意味するラガー（rugger）と、ビールのラガー（lager）は、何の関係もありません。スペルも全く違います。

A2:❷

過去問

Q3: アルト、ベルジャンホワイト、ポーター。この3つのビアスタイルのうち、下面発酵ビールはいくつあるか。次の選択肢より選べ。（３級）
❶１つ　❷２つ
❸３つ　❹１つもない

過去問

Q4: 上面発酵のビアスタイルを、次の選択肢より選べ。（３級）
❶ミュンヘナーヘレス
❷シュヴァルツ
❸ヘーフェヴァイツェン
❹ピルスナー

A3:

A4:❸

2.ドイツ・チェコ・オーストリア発祥の主なスタイル

ラガービール発祥国のドイツを中心とした地域。現在、ドイツ国内には約1,500もの醸造所があり、地域性豊かなビールがつくられています。ドイツのビールづくりは、1516年にバイエルン公が定めたビール純粋令に象徴され、それに則った醸造が続けられています。現代のビールの主流であるピルスナーは、1842年に現在のチェコのピルゼンで誕生しました。オーストリア発祥のビールとしては、ウィンナーラガーがあります。

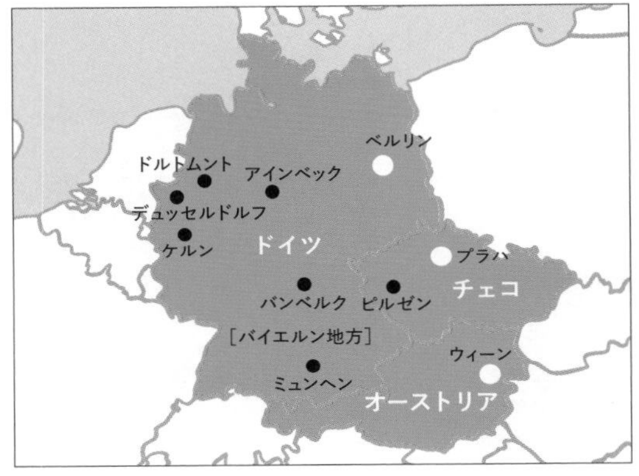

[上面発酵 ALE]

ヴァイツェン／ヴァイス

小麦麦芽を50%以上使用してつくる、ドイツの伝統的な上面発酵ビールです。特に南部のバイエルン地方で発展しました。**ヴァイツェンとはドイツ語で「小麦」のこと。**ヴァイスとも呼ばれます。ヴァイスは「白」の意味。バナナ

ヴァイエンシュテファン ヘーフェヴァイス

現存する世界最古のブルワリー、ヴァイエンシュテファン醸造所のヘーフェヴァイス。白濁した外観。バナナやクローブの香りが漂う。

やクローブのような発酵由来の香りが感じられます。ホップの香りも苦味も少なめで、泡立ち、泡持ちが良いのが特徴です。透明に澄んでいるものをクリスタルヴァイツェン、酵母が残って濁っているものをヘーフェヴァイツェンといいます。**ヘーフェはドイツ語で「酵母」**の意味。その他、濃色系のデュンケルヴァイツェン、ハイアルコールのヴァイツェンボックなどがあります。

●銘柄例　ヴァイエンシュテファン ヘーフェヴァイス、フランツィスカーナー ヘーフェヴァイスビア、シュナイダーヴァイセTAP7 オリジナル、銀河高原ビール 小麦のビール、富士桜高原麦酒ヴァイツェン

Q5:ヴァイツェンはドイツ語で何を意味するか、次の選択肢より選べ。(3級)
❶白　❷小麦
❸濁り　❹泡持ち

アルト

18世紀頃から**デュッセルドルフで発展した銅褐色のビール。アルトは「古い(old)」**を意味するドイツ語で、下面発酵ビールよりも古くからつくられていることに由来します。麦芽由来のトースト香がありますが、濃色麦芽の特徴はそれほど強く感じません。上面発酵ビールですが下面発酵並みの低温で熟成するため、全体の印象は爽やかで後味はドライです。

●銘柄例　ユーリゲ アルト、THE軽井沢ビール 赤ビール(アルト)、田沢湖ビール アルト

過去問

Q6:伝統的に「アルトビール」がつくられているドイツの都市を、次の選択肢より選べ。(3級)
❶ベルリン
❷バンベルク
❸デュッセルドルフ
❹アインベック

ケルシュ

ケルンで伝統的につくられる淡色系ビール。1986年にケルン協定が結ばれ、ケルン近郊の限られた地域で生産されたもののみ「ケルシュ」と名乗れるようになりました。アルトと同様に、上面発酵ビールですが**下面発酵並みの低温で熟成**し

フリュー ケルシュ

ケルンの伝統的ビアスタイルであるケルシュ。上面発酵酵母を低温長期熟成で醸造することで、フルーティな華やかな香りとホップの心地よい苦みが舌に残り余韻まで楽しめるビール。

A5:❷

A6:❸

過去問

Q7:上面発酵でつくられるビールを、次の選択肢より選べ。(2級改)
❶シュヴァルツ
❷ケルシュ
❸ドルトムンダー
❹メルツェン

ます。爽やかで柔らかな口当たりが特徴で、20%までであれば小麦麦芽を使用することができます。口当たりはやわらかでみずみずしく、ほのかな甘味を感じます。

●銘柄例 フリュー ケルシュ、ガッフェル ケルシュ、田沢湖ビール ケルシュ

ゴーゼ

ドイツのハルツ地方の**ゴスラーで中世からつくられていた**、塩を加えたビール。**塩とコリアンダーなどの薬草**でフレーバーをつけるのが特徴。**乳酸菌による発酵**も行われ、ヨーグルトのような酸味を感じる発泡性に富んだ爽やかなビール。現在はゴスラーよりもやや東に位置するライプツィヒの名物ビールとして知られています。近年はアメリカで伝統的なライプツィヒ・ゴーゼの影響を受けたコンテンポラリー・ゴーゼが人気になっています。

●銘柄例 バルティック ゴーゼ

ベルリナーヴァイセ

「北のシャンパン」とも呼ばれる、爽やかな口あたりのビール。ベルリン近郊の特産で、**小麦麦芽を25〜30%使用**し、**乳酸菌を加えた酵母で発酵**させます。酸味が強く、発酵度が高いため発泡性に富み、アルコール度は2.8〜5.0%と低めで、苦味もほとんどありません。もともと淡色ですが、カクテルのようにラズベリーやクルマバソウの**シロップを入れて赤色や緑色にし、広口のボール型グラスにストローを挿して飲む**のが一般的です。近年のサワーエール人気により、ゴーゼ同様、アメリカでベルリナーヴァイセの人気が高まっています。

▲ベルリナーヴァイセ

●銘柄例 ベルリナー キンドル ヴァイセ

A7:❷

［下面発酵 LAGER］

ミュンヘナーヘレス

ミュンヘンでつくられる苦味の少ない下面発酵ビール。軽く麦芽風味を感じられるのが特徴です。ヘレスは**ドイツ語で「淡い」**の意味。その名の通り色合いは淡く黄金色で、チェコのピルスナーに対抗してつくられたといわれています。略して"ヘル"とも呼ばれます。

●銘柄例　シュパーテン ミュンヘナーヘル、パウラーナー ミュンヘナーヘル、ベアードブルーイング 修善寺ヘリテッジヘレス

Q8: もともとは淡色だが、ラズベリーやクルマバソウのシロップを入れて赤色や緑色にし、広口のボール型グラスにストローを挿して飲むのが一般的なビールを、次の選択肢より選べ。（3級）
❶ベルリナーヴァイセ
❷ヴァイツェン
❸ケルシュ
❹アルト

ミュンヘナーデュンケル（ドゥンケル）

ミュンヘンでつくられる伝統的な下面発酵ビール。ミュンヘン・ダークモルトによるチョコレート、トースト、ビスケットを思わせる香りが特徴です。色合いは明るい茶色から暗い茶色で、ホップの苦味より麦芽の風味を強く感じます。麦芽の甘味、ホップの苦味、やや軽い口あたりの3つがバランスよく調和して、まろやかな味わい。なお、単に"デュンケル"という場合は、バイエルン地方のダークビール全般を指します。**デュンケルはドイツ語で「暗い（dark）」**の意味。

ホフブロイドゥンケル

1589年の創設時に初めて醸造されたダーク・ビール。ほのかなキャラメル香、口当たりまろやかで味の切れが良く、ダークレッドブラウンの色合いが特徴的。

●銘柄例　ヴェルテンブルガー バロックデュンケル、ホフブロイ ドゥンケル、八ヶ岳ビール タッチダウン デュンケル

Q9: ミュンヘナーデュンケルのデュンケルの意味は何か。次の選択肢より選べ。（3級）
❶古い　❷暗い
❸小麦　❹元祖

A8: ❶

A9: ❷

過去問

Q10: 4種のビールの中で明らかに液色が違うものを、次の選択肢より選べ。(2級)
❶ミュンヘナーヘレス
❷ドルトムンダー
❸シュヴァルツ
❹ピルスナー

メルツェン

3月(ドイツ語で「メルツ」)に仕込まれていたことからメルツェンとも呼ばれます。色合いは黄金色から赤褐色。トーストのような麦芽の香りが特徴で、ホップの香りや苦味は控えめ。もともと、世界最大のビールの祭典であるオクトーバーフェストで提供されていたビールですが、現在の「オクトーバーフェストビール」の色合いは伝統的なメルツェンとは異なり、麦わら色から黄金色の範囲となっています。

なお、メルツェンは、後述のウィンナーラガーと関連があります。ウィンナーラガーを完成させたウィーンの醸造家アントン・ドレハーは、そのレシピを友人のシュパーテン醸造所のガブリエル・ゼードルマイヤーに譲り渡しました。そのレシピに基づいてつくられたのがメルツェンと言われています。

●銘柄例　シュパーテン オクトーバーフェストビア、パウラナー オクトーバーフェストビア、ススキノビール メルツェン

シュヴァルツ

シュヴァルツはドイツ語で「黒」の意味。色合いは、暗い茶色から黒色で、ロースト麦芽の香ばしい風味が特徴です。ロースト麦芽由来の苦味はなく、マイルドでやや甘味が感じられます。シュヴァルツの代表銘柄「ケストリッツァー シュヴァルツビア」は**文豪ゲーテが愛した**ことでも有名。

ケストリッツァー・シュヴァルツビア

シュパーテンは、1397年創業のドイツの名門醸造所。洋なしやジャスミンを思わせる香りと、麦芽の甘味がバランス良く広がるビール.

●銘柄例　ケストリッツァー シュヴァルツビア、ベアレン シュバルツ、ヱビスプレミアムブラック

A10: ❸

ピルスナー

1842年にボヘミア（現チェコ）の**ピルゼン（チェコ語でプルゼニュ）で誕生**した下面発酵ビールです。黄金色の明るい色合いに、ホップの効いた爽快な香味が特徴。世界中で最も普及しているスタイルで、日本の淡色ビールも多くがこのスタイルです。チェコのピルスナーはボヘミアンピルスナーと呼ばれます。

一方、ドイツ版はジャーマンピルスナーと呼ばれ、ドイツ全土で生産されていますが、北部でつくられたものほどホップの苦味が強く、南部はホップの苦味より麦芽の味わいが強くなる傾向があります。

ピルスナーウルケル

1842年、チェコのピルゼンで誕生したピルスナービールの元祖。苦味、甘味、香りが絶妙なバランスで調和。

●**銘柄例**　ピルスナー ウルケル、ビットブルガー プレミアムピルス、フレンスブルガー ピルスナー、エチゴビール ピルスナー、箕面ビール ピルスナー

Q11：世界最大規模のビール祭りであるドイツ・ミュンヘンのオクトーバーフェストで提供されていたメルツェン。この名称の由来として最も適切な語句を次の選択肢より選べ。（3級）
❶3月　❷窓
❸麦芽　❹溶ける

ドルトムンダー

ドルトムント発祥の下面発酵ビール。ピルスナーを踏襲したビールですが、それよりもホップの苦味と香りは弱めでボディは強く味わいも濃厚です。第二次世界大戦後から1970年代まで輸出用として最も普及したビールでドルトムンダー・エクスポートの名でも知られています。

●**銘柄例**　ダブ オリジナル、ベアレン クラシック

ウィンナーラガーの「弟分」

ウィンナーラガーを完成させた醸造家アントン・ドレハーは、そのレシピを友人でシュパーテン醸造所のガブリエル・ゼードルマイヤーに譲り渡しました。そのレシピにならってつくった「弟分」のようなビールがメルツェンだったといわれています。

ウィンナーラガー ／ウィーン（ヴィエナ）スタイル

オーストリアのウィーンを発祥とするビール。19世紀半ばに、**ウィーンの醸造家アントン・ドレハー**によってつくられました。褐色のウィーン麦芽を使用することで、銅色から赤みがかったブラ

A11：❶

ウンの色合いとなっています。トーストのような麦芽の香りとほのかな甘味、すっきりとキレの良い苦味が特徴。メルツェンは、このスタイルをベースにしたといわれています。第一次世界大戦後、衰退していましたが、イギリスのビール・ウイスキー評論家マイケル・ジャクソンが紹介したことで、再び注目されました。現在では、ヨーロッパよりも**メキシコやアメリカで人気が高い**スタイルです。

●銘柄例　ネグラモデロ、ブルックリンラガー

ボック

ドイツ北部の**アインベックを発祥とするアルコール度数の高いビール**です。17世紀につくられたオリジナルのトラディショナル・ボックは、重厚な麦芽風味が特徴で、色合いは濃色です。アルコール度数は6.5～7.5％でナッツのような香りと甘味があります。19世紀頃からつくられているヘレスボックとマイボック（5月のボック）は、薄い麦わら色から黄金色の明るめな色調で、トーストのような香りと甘味を感じます。アルコール度数は6.3～8.0％で苦味は控えめです。ドッペル（ダブル）ボック、トリプルボック、アイスボックと呼ばれるものはアルコール度数が高く、特にアイスボックは8.5～14.2％の範囲となります。色合いは濃い銅色から黒色で、カラメル香や綿菓子のような甘い風味があり、苦味は弱め。本書では下面発酵ビールに分類していますが、ヴァイツェンボックの場合は上面発酵になります。

アインベッカー　マイウアボック

ウアボックとは「元祖ボック」という意味。5月（マイ）の春祭りのためにつくられる特別なボックは、爽やかでスパイシーな香り。

●銘柄例　アインベッカー マイウアボック、シュパーテン プレミアムボック、パウラナー サルバトール、シュナイダー ヴァイセ アヴェンティヌス アイスボック TAP 09

ボックの由来

「ボック」の名の由来は、アインベックの街の名前からという説や、飲んだ人が若い雄山羊（ボック）のように元気になるからという説があります。ボックのラベルには雄山羊をあしらったものが多いのはそのためです。

▲アインガーセレブレーター（ドッペルボック）

Q12：19世紀後半にウィンナーラガーを完成させたウィーンの醸造家の名前を、次の選択肢より選べ。（2級）
❶ラルフ・ハーウッド
❷アントン・ドレハー
❸ピエール・セリス
❹フリッツ・メイタグ

A12：❷

ラオホ

煙で燻した麦芽でつくる、**バンベルク名物**のスモークビール（燻製ビール）。**ラオホはドイツ語で「煙」**の意味。ヘレスやメルツェンなど、さまざまなビールをベースとしてつくられたものがあり、スモーキーな風味が特徴です。飲み口がスムーズでマイルドな甘味があります。本書では下面発酵ビールに分類していますが、ベースとなるビールがヴァイツェンであれば上面発酵ビールになります。

●銘柄例　シュレンケルラ ラオホビア メルツェン、シュレンケルラ ラオホビア ヴァイツェン、富士桜高原麦酒 ラオホ

Q13: 煙で燻した麦芽でつくる、ドイツ・バンベルク名物のビアスタイルを、次の選択肢より選べ。（3級）
❶ドルトムンダー
❷ラオホ
❸ボック
❹ヘレス

A13:❷

BEER COLUMN

ビールで街を再び元気に！

19世紀、ニューヨークのブルックリンは個性豊かなブルワリーが多数存在し「ビールの街」として栄えていました。しかし、20世紀に入ると禁酒法等の影響を受け、多数あったブルワリーは次々と撤退し、街全体の活気が失われていきました。そんなブルックリンを「もう一度元気にしたい」という思いで、1988年に創業したのがブルックリン・ブルワリーです。

主力商品のブルックリンラガーは、19世紀当時ブルックリンでひときわ人気のあったウィーンスタイルのレシピをベースにしたものです。ブルワリーの発展とともに街は活気を取り戻し、今やブルックリンは「アートと起業の街」として世界から注目されるエリアとなりました。

3.イギリス・アイルランド発祥の主なスタイル

イギリス・アイルランドといえばエール。古くからエールをパブで飲む習慣が根付いています。パブの醍醐味ともいえるのが木樽内で熟成させる「カスクコンディション」のエールです。炭酸ガスを加えないで、ハンドポンプで樽から直接注ぐリアルエールは、パブの熟練した管理技術なしには味わえない、まさにイギリス・アイルランドならではのスタイルです。イングランドでは、北部に行くほど麦芽由来の甘味が強くなっていきます。

知っトク

パブとは？

イギリス・アイルランドのパブは、「パブリック・ハウス」の略で、日本でのパブのイメージとは異なり、社交場のような場所です。パブは街のいたるところにあります。フィッシュアンドチップスのような簡単な食事とともに、周りの人との会話を楽しみながら、1パイント（UKパイント＝568ml）のビールを時間をかけゆったりと味わうのがパブの楽しみ方です。

[上面発酵 ALE]

● ペールエール／イングリッシュ・ペールエール

イングランド中部のバートン・オン・トレントで生まれたイギリスの伝統的なビール。当時のビールはほとんどが濃色だったため、それよりも「**淡い**」（**pale**）という意味でペールエールと呼ばれるようになりました。液色は黄金色から銅色。

フラーズ ロンドンプライド

イギリスで最も人気のあるプレミアムエールの１つ。ターゲット、チャレンジャー、ノースダウンの３種類のホップを使用し、豊かな麦芽の風味との絶妙なバランスが特徴です。

アルコール度数は4.4〜5.3%。英国産品種、またはそれに類似した香りを持つホップを用いて、ミネラル含有率の高い硬水で醸します。

●**銘柄例**　フラーズ ロンドンプライド、いわて蔵ビール ペールエール、ミツボシビール ペールエール、那須高原ビール イングリッシュエール

Q14:バートン・オン・トレントを発祥地とし、イギリスで伝統的につくられている中等色のビールを、次の選択肢より選べ。(3級)
❶インペリアルIPA
❷スコッチエール
❸ペールエール
❹ニューイングランドIPA

IPA(インディア・ペールエール)／イングリッシュスタイルIPA

強いホップの苦味が特徴。アルコール度数は4.5〜7.0%でやや高め。色合いは黄金色から銅色の範囲。ホップを大量に使用するため、ホップ由来のアロマとフレーバー、そして苦味を強く感じます。IPAの起源については諸説ありますが、18世紀末頃にロンドンからインドに輸出されていた淡色で濃厚な**オクトーバービールがその原型**であるとみられています。

●**銘柄例**　ブリュードッグ パンクIPA、いわて蔵ビール IPA(イングリッシュスタイルIPA)

イングリッシュ・ブラウンエール

20世紀初め頃、**イングランド北部のニューキャッスル**という街で生まれた銅色から濃い茶色の色合いのエールビール。アルコール度数は4.1〜5.9%。ローストした麦芽由来のビスケットやトーストのような香りがあります。バートン生まれのペールエールに対抗するために開発されましたが、ペールエールとは対照的に**ホップの香りや苦味は非常に弱い**レベルです。口当たりがドライでキレの良いものから甘くコクのあるものまで幅広くつくられています。

●**銘柄例**　ニューキャッスル ブラウンエール、鎌倉ビール 花(ブラウンエール)

ビター／オーディナリー・ビター

黄金色から銅色の色合いで、3.0〜4.1%と低めのアルコール度数。

A14:❸

ペールエール対抗商品

イングリッシュスタイル・ブラウンエールは、イングランド北部のニューキャッスルで1927年に誕生。「ペールエールがホップの苦味なら、こちらはモルトの甘味で勝負！」ということで人気を得ますが、このスタイルが生まれた背景としてては、ニューキャッスルが、ホップの生産地ケント州（イングランド南東部）から遠かったということがあります。ペールエールのようにホップを効かせたビールをつくろうとすると輸送コストがかかりすぎるという問題がありました。

Q15：アイルランド発祥のビアスタイル「スタウト」の意味を、次の選択肢より選べ。（2級）
❶古い　❷強い
❸淡い　❹暗い

A15：❷

もともとは、パブで木樽内熟成させる（カスクコンディション）のエールのこと。ビターという名称ですが、ホップの苦味は中程度。パブで提供されるカスクコンディションのものは、ボトルのものに比べ炭酸ガスが弱くマイルドな味わいです。派生スタイルとして、甘味やボディ、アルコール度数がより強いスペシャルビター（ベストビター）、ESB（エクストラ・スペシャル・ビター）があります。

フラーズESB

通常のエールよりも麦芽、ホップを多量に使用しており、力強い風味と柑橘系の味わいが特徴。世界のESBの最も代表的なブランド。

●**銘柄例**　ヤング ビター、ボンバーディア、ベアードビール パブリックハウスビター、フラーズESB

ポーター

ポーターには、やや濃い茶色の「ブラウン・ポーター」と黒色の「ロブスト・ポーター」があります。ロブスト（robust）は英語で「強い」「深みがある」という意味で、一般的にポーターというと、このロブスト・ポーターを指すことが多く、ポーターのスタンダードスタイルになります。ロブスト・ポーターのアルコール度は5.0～6.5%程度でやや高めです。麦芽由来の甘味、ロースト香、ココア香、カラメル香などが、濃色麦芽に由来する苦味と調和しています。

●**銘柄例**　フラーズ ロンドンポーター、志賀高原ポーター、スワンレイクポーター

スタウト／アイリッシュ・ドライスタウト

ロンドンで流行したポーターがアイルランドに伝わり、アルコールを強化してつくった「**スタウト・ポーター」がスタウト（ドライスタウト）の起源**といわれています。ローステッド・バーレイ（焙煎大麦）を使用しているのが特徴で、そのため、色は透けて見えないほど真っ黒。クリーミーな泡立ちで泡持ちに優れています。ス

タウトは強いという意味ですが、アルコール度数は4.0～5.3％とそれほど強くありません。飲み始めに軽いカラメル香があり、焦がした大麦の苦味が後口に残ります。スタウトにはドライスタウト以外にもいくつか種類があり、乳糖（ラクトース）で甘味を強めたスイート・スタウト（クリーム・スタウト）、ドライスタウトより甘味とアルコール度数を強くしたフォーリンスタイル・スタウト、大麦麦芽にオーツ麦を加えてつくるオートミール・スタウト、牡蠣のエキスを入れてつくるオイスター・スタウトなどがあります。

ギネス オリジナル エクストラスタウト

黒ビールの代名詞ともいえるビール。1821年に確立したレシピを引き継ぐオリジナルスタウトで世界中の人気を集めた。ロースト香と苦味からなるスタウト特有のテイストが特徴。

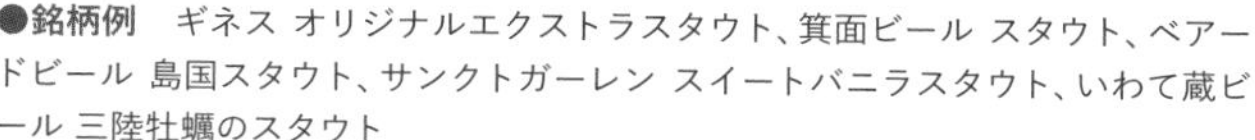

●**銘柄例**　ギネス オリジナルエクストラスタウト、箕面ビール スタウト、ベアードビール 島国スタウト、サンクトガーレン スイートバニラスタウト、いわて蔵ビール 三陸牡蠣のスタウト

インペリアル・スタウト

もともとは**ロシア皇帝への献上品**としてつくられたとされるスタウトで、ロシアン・インペリアル・スタウトとも呼ばれます。濃い銅色から黒系の色合いで、アルコール度数は6.9～11.9％と高めです。ホップ由来のフローラルやシトラス、ハーブなどのほのかな香りが感じられます。ホップの苦味は中程度で、重厚で芳醇な麦芽のフレーバーとのバランスが取れています。濃色なものほど苦味や麦芽の甘味が濃厚で、トフィー（イギリス発祥のキャンディー）やカラメルを思わせるアロマが強調されているものが多くあります。

●**銘柄例**　サミエルスミス インペリアルスタウト、ミッケラー ブラックホール インペリアルスタウト、宮崎ひでじビール 栗黒

基本のキ

ポーターの名前の由来

もとは、18世紀にロンドンで生まれた「エンタイア」という名のビールでした。これが「ポーター」と呼ばれるようになったのは、当時のポーター（荷役運搬人）たちに人気だったためとする説や、パブに樽が到着した際に「ポーター（届いた）」と声をかけたためとする説などがあります。

過去問

Q16: イギリスのビールに関する説明として誤っているものを、次の選択肢より選べ。（2級）

❶ラガーよりもエールが一般的である

❷パブでビールを飲むのに使われる1パイントグラスの容量は約350mlである

❸ペールエールはイングランドのバートン・オン・トレント発祥である

❹ポーターは荷運び人に好まれたことが、その名前の由来になっているという説がある

A16:❷

過去問

Q17：イギリスのバーレイワインのバーレイとは何を意味するか、正しいものを、次の選択肢より選べ。（２級）
❶熟成　❷濃厚
❸渓谷　❹大麦

A17：❹

バーレイワイン

アルコール度数は8.4～12.1％と高く、10％を超えるものも珍しくありません。**6か月から数年という長い熟成期間**が特徴。色合いは明るい茶色から濃い赤銅色。どっしりとしたフルボディで甘味が強く、シェリー酒のような風味とフルーティなエステル香が複雑に絡み合います。

●**銘柄例**　サンクトガーレン el Diablo、ヤッホーブルーイング ハレの日仙人

知っトク

ピートとは？

野草や水生植物などが堆積し、年月をかけて炭化した泥炭（炭化のあまり進んでいない石炭）です。
ピートは、モルトウイスキーの香りを特徴づける重要な材料です。その煙で麦芽を乾燥させ、その燻した香りが麦芽につくことによって、ウイスキー特有のスモーキーな香りが生まれます。一部のスコッチエールでは、スコッチウイスキーと同様にピートの煙で燻した麦芽を使ったものがあります。

▲ピート

アイリッシュ・レッドエール

アイルランド発祥の赤みがかった銅色のエールで、アルコール度数は4.0～4.8％と、あまり高くありません。カラメル麦芽由来のキャンディのような香りが特徴で、ホップの香りや苦味は控えめで、マイルドな味わいです。

●**銘柄例**　オハラズ アイリッシュレッドエール、いわて蔵ビール レッドエール

スコティッシュエール

スコットランド発祥のエールで、アルコール度数は2.8～5.3％と低め。カラメル麦芽由来の甘味と香ばしさが感じられます。ホップの香りはほとんどなく、苦味も控えめです。一部の銘柄には、ピートで燻した麦芽由来のスモーキーな香りが感じられるものもあります。

●**銘柄例**　セント アンドリュース エール、那須高原ビール スコティッシュエール

スコッチエール

スコットランド発祥のエールで、アルコール度数は6.5～8.4％と**スコティッシュエールに比べて高め**。色合いは明るい茶色から非常にダークなものまであります。濃厚な甘味を伴う麦芽の風味を強く感じる一方、ホップの香りはほとんどなく、苦味も控えめ

です。色合いは濃い銅色から茶色で、ピートで燻した麦芽由来のスモーキーな香りが感じられるピーテッド・スコッチエールと呼ばれるものもあります。

トラクエア ジャコバイトエール

スコットランドに現存する最も古い邸宅でつくられるスコッチエール。地中海産のコリアンダーを使った、柑橘系の香りが特徴のビール。

●銘柄例 トラクエア ジャコバイトエール、マックイーワンズ スコッチエール、トラクエア 160シリング、ベアードブルーイング やばいやばいストロングスコッチエール

BEER COLUMN

白い球の秘密

ドラフトギネス缶の中には小さな白い球が入っています。これは、豊かでクリーミーな泡をつくりだす球型カプセルです。「フローティング・ウィジェット」と呼ばれ、パイントグラスなどの大きめのグラスにゆっくりと注いだときに見られるサージングの様子は「カスケードショー」と呼ばれています。これは、きめ細かい泡が次から次へと滝のように流れてみえるのを、Cascade（英語で、小さく連なる滝）に例えたものです。飲みたい気持ちを抑えて、まずは、このカスケードショーを楽しみましょう。

▲ドラフトギネスの「カスケードショー」

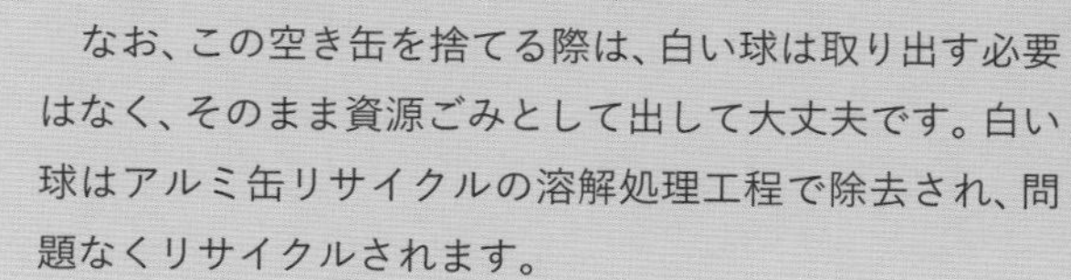

なお、この空き缶を捨てる際は、白い球は取り出す必要はなく、そのまま資源ごみとして出して大丈夫です。白い球はアルミ缶リサイクルの溶解処理工程で除去され、問題なくリサイクルされます。

▲ドラフトギネス缶

BEER COLUMN

IPAの起源

IPA（インディア・ペールエール）は、その名が示す通り、もともとはイギリスからインドへ輸出されていたビールです。その起源については諸説ありますが、「オクトーバービール」という淡色でホップの苦味豊かなビールが、IPAの原型であるとみられています。ちなみに、このイギリスのオクトーバービールは10月に仕込むビールで、3月に仕込むドイツのオクトーバーフェストビールとは関係がありません。

18世紀終盤の最も早い時期からインドにビールを輸出していたことが知られている醸造者の一人が、ロンドンの**ボウ醸造所のジョージ・ホジソン**でした。東インド会社を通じ、いくつものホジソンのビールがインドに輸出されましたが、その中でもオクトーバービールは、輸出先のインドで好評を博しました。ホジソンのオクトーバービールは航行条件がプラスに作用する例外的なビールでした。その理由は独自の製法にあり、熟成の際にホップを加えていたこと、残糖を多くし航行中も酵母による発酵が進むようにしていたこと、それらが腐敗防止効果を高めていたものと見られています。19世紀に入り、ジョージ・ホジソンの後継者が東インド会社との取引を断絶したことを機に、インド輸出用ビールの主産地がバートン・オン・トレントに移ります。東インド会社の要請で、オールソップ醸造所が、ホジソンのインド輸出用ビールのスタイルであったホップの苦味豊かなビールを開発します。これにバスなどのバートンの醸造所が追随。硫酸塩の多いバートンの水を使用することで、ホジソンのビールに比べ、より淡色で、よりホップの苦味の強いビールになったものと考えられます。この輸出用の淡色エールが、「インディア・ペールエール」「IPA」として知られるようになり、その人気はインドだけでなくイギリス国内に広まっていくこととなりました。

4.ベルギー発祥の主なスタイル

ベルギーは、人口約1170万人、面積は日本の四国地方の約1.6倍ほどのヨーロッパの小国ですが、多種多様なビール文化が発達したビール大国です。北部フランダース(フランデレン)地方のブリュッセルとその近郊では自然発酵のランビックなど酸味が効いたスタイルが生産され、南部ワロン地方ではセゾンなどのスパイシーなスタイルがつくられています。トラピスト修道会によるトラピストビールも有名です。近年、ベルギー国内のビール醸造所数は増加傾向にあり、業界団体Belgian Brewersによると、醸造所数は2022年で430で、7年間でほぼ倍増となっています。

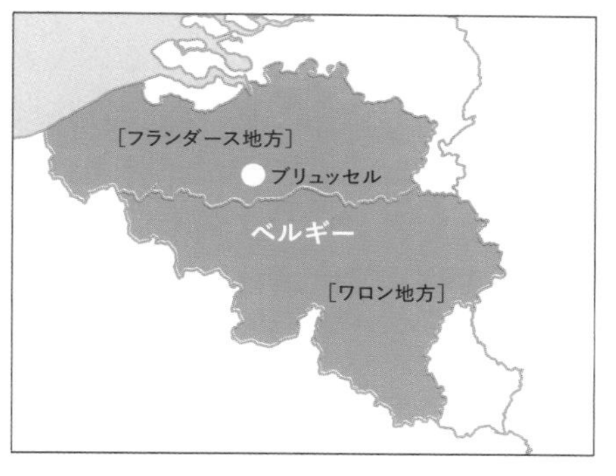

過去問

Q18:ベルギー・ブリュッセル及びその近郊でつくられる自然発酵ビールで、製麦していない小麦や長期保存したホップを使用することが特徴のビアスタイルを、次の選択肢より選べ。(3級)
❶トラピストビール
❷フランダース
❸ランビック
❹アビイビール

A18:❸

[上面発酵 ALE]

● ベルジャンホワイト/ベルジャンヴィット

麦芽にしない小麦と大麦麦芽の両方を使用してつくる上面発酵ビール。煮沸の際に**コリアンダーシードとオレンジピール**を入れてフルーティでスパイシーな風味を加え

ヒューガルデン ホワイト

オレンジピールとコリアンダーシードの組み合わせが生み出す自然な苦味と特有の清涼感、華やかな香りが特徴。ベルジャンホワイトの代表格として、日本でも人気。

知っトク

ヴィット(wit)とは?

オランダ語で「白」の意味。ヴィットビア(witbier)は白ビールです。ちなみに、北部フランダース地方ではオランダ語、南部ワロン地方ではフランス語が公用語となっています。

Q19: ヒューガルデンホワイトなどベルギーの白ビールの香味付けに使われる基本的な原材料で、正しいものを、次の選択肢より選べ。(2級)
❶ドライラズベリーとコリアンダーシード
❷ドライラズベリーとカモミール
❸オレンジピールとカモミール
❹オレンジピールとコリアンダーシード

るため、口に含んだときに独特の甘く爽やかな香りが広がります。現代では多様なスパイスやオレンジ以外の柑橘系果皮を使用しているものもあります。ボトル内で発酵・熟成させるので、グラスに注ぐと不透明に白く濁るのが特徴です。アルコール度数は、4.8～5.5%。色は非常に淡く、口あたりは軽くなめらかで、苦味も少なく飲みやすいビールです。

●銘柄例　ヒューガルデン ホワイト、ヴェデット エクストラ・ホワイト、ブルームーン、グリセット ブロンシュ、常陸野ネストホワイトエール、ヤッホーブルーイング 水曜日のネコ、トゥーラビッツ金柑ウィット

セゾン

Q20: セゾンビールが発祥したベルギー南部の地方名をカタカナで記せ。(1級・記述式)

セゾンはフランス語で「季節」の意味。ベルギー南部ワロン地方発祥の伝統的なスタイル。農民が夏の畑仕事の合間に飲むために、農閑期の冬に自家醸造していたのが始まりといわれます。アルコール度数は5.0～6.8%。色合いは、麦わら色から淡い琥珀色。ベルジャン酵母に由来するフルーティでブラックペッパーのようなスパイシーさがあるのが特徴です。

●銘柄例　セゾンデュポン、京都醸造 一期一会、ヤッホーブルーイング 僕ビール君ビール

フランダース・レッドエール／フランダース・ブラウンエール

フランダース・レッドエールは**フランダース地方西部の赤みを帯びた色合いのエール**。東部ではブラウンエールがつくられています。乳酸菌由来の酸味が特徴で、その度合いは銘柄によって異なります。チェリーまたはグリーン・アップ

ローデンバッハ・クラシック

レッドエール独特の軽やかでフルーティな酸味と深いコクのある味わいが特徴。 オークで2年以上熟成させたビールを若いビールとほどよくブレンド。

A19:❹

A20:ワロン

ルのようなフルーティなエステル香が感じられますが、ホップの苦味は酸味と木樽熟成（必ずしも必要ではない）によって緩和され、それほど強くは感じません。アルコール度数は4.8〜6.5%。ブルワーの意図する香味バランスをつくり出すために、熟成させたビールと若いビールをブレンドしてからボトル内二次発酵を行うものも多くあります。

●**銘柄例**　ローデンバッハ・クラシック、ローデンバッハ・グランクリュ、ドゥシャス・デ・ブルゴーニュ、リーフマンス グリュークリーク

ダブル／デュッベル

色合いは、ブラウンからダークの範囲。ホップの苦味よりも麦芽由来の甘味が中心で、ココア、ドライフルーツもしくはカラメルのようなアロマが感じられます。泡持ちがよく、その泡はきめ細かく、ムースのように濃密です。アルコール度数は6.3〜7.5%。びん内で熟成されたものが多く、酵母の濁りや低温白濁が見られるものもあります。

●**銘柄例**　シメイ レッド、ウェストマール ダブル、ブルッグス ゾット・ダブル

トリプル／トリペル

色合いは淡い黄金色。アルコール度数は7.0〜10.0%。伝統的なトリプルはびん内二次発酵を行っているため、外観には酵母によるほのかな濁りがあります。バナナやクローブのようなフルーティでスパイシーな香りを持つ銘柄が多いですが、ホップ由来の香りはほとんど感じません。ホップの苦味は中程度からより強いものもあります。淡色麦芽がもたらす甘味がしっかりありますが、濃色麦芽由来の特徴はありません。ボディを軽くするために淡色のベルジャンキャンディーシュガーを使用する場合があります。後味には軽く心地よい甘味が残ります。

●**銘柄例**　シメイ・ホワイト、ウェストマール・トリプル

知っトク

ベルジャンキャンディーシュガー

ビールのアルコール度数を高めるには原材料により多くの麦芽が必要になりますが、その分味わいが重たくなります。そこで、ベルギーのストロングエールなどでは、麦芽由来とは別の糖分を麦汁に加えてアルコール度数を高めることがあります。その際使用されるのが「ベルジャンキャンディーシュガー」で、これは甜菜糖（てんさいとう）に加工を施し、発酵に適した糖に転化したものです。

過去問

Q21：ベルギービール「デュベル」のビアスタイルは何か、次の選択肢より選べ。（２級）
❶ベルジャン・ストロング・ゴールデンエール
❷ランビック
❸トラピストビール
❹ベルジャンホワイト

A21：❶

ベルジャン・ストロング・ゴールデンエール／ベルジャン・ストロング・ブロンドエール

色合いは麦わら色から淡い琥珀色。ボディを軽くするために淡色のベルジャンキャンディーシュガーを使用したり、発酵度を高めてドライな印象のビールに仕上げたりしている場合があります。7.0〜11.1%とアルコール度数は高めですが、アルコール感は度数ほど強く感じられず軽い口当たりです。

デュベル

デュベルは悪魔の意。びん詰し２種類の温度差のある貯蔵庫で、２か月間熟成とびん内発酵を行う。繊細かつキレの良い苦味。

●**銘柄例**　デュベル、デリリュウム トレメンス

ベルジャン・ストロング・ダークエール

色合いは琥珀色から非常にダークなものまで。ローストした麦芽由来のフレーバーがしっかりあり、濃厚かつクリーミーな口当たりと甘味が伴います。ボディを軽くするために濃色のベルジャンキャンディーシュガーを使用して醸造する場合があります。7.0〜11.1%とアルコール度数は高めですが、アルコール感は度数ほど強く感じられません。

●**銘柄例**　ヒューガルデン 禁断の果実、キャスティール ブリューン

スペシャルビール／ベルジャン・スペシャリティエール

ベルギーのユニークで伝統的なビール醸造法に則っていながらも、他のどのスタイルにも当てはまらないビールです。どのような原料を使い、どの程度の色合いやアルコール度数にするかは、ブルワーの裁量にゆだねられます。

ビーケン

ボーレンス醸造所伝統のレシピに沿ったハチミツ入りビール。やや濁ったオレンジがかった明るいゴールド。やわらかな甘味が主体だが、スパイシーさも感じられる。

●**銘柄例**　ビーケン、グーデンカルロス・クラシック

◉トラピストビール

中世からトラピスト会の修道院で醸造されているビールです。当時は、修道院の外では飲むことができませんでしたが、1950年代頃から一般の醸造所で修道院を真似たレシピのビールが売り出されるようになりました。そこで、1962年にトラピストビールの定義が定められ、それ以外のものはトラピストビールと名乗ることが禁止されました。トラピストビールは、**①修道士が自ら醸造するか、修道士の監督のもとで醸造されたものであること、②修道院の敷地内の醸造所でつくられていること、③営利目的ではなく、ビール販売の収益は修道院の運営やメンテナンスに充て、残りは慈善団体に寄付すること**、という3点を満たすことが要件とされています。要件を満たしたものには、国際トラピスト会修道士協会（ITA）により、認定ロゴが印刷されたラベルをボトルに貼ることが許されます。2024年1月現在は、次の表に示した9か所の修道院（ベルギー5、オランダ2、イタリア1、イギリス1）が認定されています。醸造方法に関する細かな定義はなく、醸造修道院ごとに個性が光るビールが生み出されています。

▲認定ロゴ

Q22: トラピストビール「ロシュフォール」が製造されている国と修道院名の組み合わせで正しいものを、次の選択肢より選べ。（2級）
❶国：イギリス、
修道院名：マウント・セント・バーナード修道院
❷国：ベルギー、
修道院名：サン・レミ修道院
❸国：ベルギー、
修道院名：シント・シクステュス修道院
❹国：オランダ、
修道院名：アブダイ・マリア・トゥーフルフト修道院

A22:❷

2024年1月時点

ブランド名	醸造修道院	歴史と特徴
シメイ	スクールモン修道院［ベルギー］	1850年修道院設立。1862年醸造開始。「ブルー」「レッド」「ホワイト」「ゴールド」４つの定番ラインナップに、2021年「グリーン」が追加
オルヴァル	オルヴァル修道院［ベルギー］	1070年から修道士が定住、醸造を500年前に開始したとの記録があります。ビールは２種類つくられていますが、流通しているのは１種類のみ
ウェストマール	聖心ノートルダム修道院（ウェストマール修道院）［ベルギー］	12世紀に修道院設立、1836年醸造開始。1921年から商業用に販売開始
ロシュフォール	サン・レミ修道院［ベルギー］	1230年に前身の修道院設立。1595年に醸造開始
ウェストフレテレン	シント・シクステュス修道院［ベルギー］	醸造所は1900年設立。トラピストビールの中で最も小規模
ラ・トラップ	コニングスホーヴェン修道院［オランダ］	1881年設立、1884年に醸造開始。一度称号が外されますが、2005年に回復
ズンデルト	アプダイ・マリア・トゥーフルフト修道院［オランダ］	2013年に醸造開始。同年にトラピストビールとして認定。ビールは１種類のみを醸造
トレフォンターネ	トレフォンターネ修道院［イタリア］	2015年にトラピストビールとして認定。イタリア・ローマにある修道院と近郊の店で販売されています
ティント・メドウ	マウント・セント・バーナード修道院［イギリス］	2018年にトラピストビールとして認定。酪農による収益の落ち込みを受け、牛乳からビールへの切り替えを決断。5年を費やして最新式の醸造所を開設

※フランスのモンデカ修道院とスペインのサン・ペドロ・デ・カルデーニャ修道院もITAのメンバーで、ビールの醸造、販売を行っていますが、自家醸造ではないことからAuthentic Trappist Productのロゴマークはついていません。
※ベルギーのアヘル修道院は修道士の引退のため、2021年よりAuthentic Trappist Productのロゴマークをつけることができなくなりました。
※アメリカのセント・ジョセフ修道院は2022年に醸造所を閉鎖しました。
※オーストリアのエンゲルスツェル修道院は2024年１月時点でトラピストビールのリストから除外されました。

過去問

Q23: ベルギーの聖心ノートルダム修道院で醸造されるトラピストビールのブランド名を、次の選択肢より選べ。（２級）
❶シメイ
❷オルヴァル
❸ウェストマール
❹ズンデルト

A23:❸

アビイビール

トラピスト会以外の修道院が関与したり、かつて修道院で行われていた醸造方法やレシピを一般の醸造所に委託してつくられるビールの総称です。**アビイは「修道院」の意味。**アビイビールもトラピストビール同様、製法による分類ではないため、多種多様なビールがあります。

●銘柄例　サンフーヤン・トリプル、レフ・ブロンド、パーテル リーヴェン・ブラウン 、セント ベルナルデュス・アブト

[自然発酵 WILD ALE]

ランビック

空気中や木樽に存在する野生酵母や微生物を利用してつくる自然発酵のビールです。ブリュッセルとその近郊の一部以外でつくられるものは正式なランビックとは認められず、ランビックスタイルと呼ばれます。原料にも特徴があり、大麦麦芽の他に製麦していない小麦を30～35%使用。ホップは2～3年寝かせて酸化させたものを使用。このホップは苦味・香りは非常にローレベルですが、抗菌性はそのままあるため発酵を健全に進める役割を果たし、最終的には強い酸味と調和のとれた味わいとなります。

時間をかけて煮沸した麦汁は、屋根裏に設置されたクールシップ（蓋のない浅くて広い容器）に入れて冷却。ここで野生酵母（ブレタノマイセス）を取り入れます。冷却された麦汁は古いオークの樽に入れられ発酵し、その後2～3年以上熟成されます。

ランビックの色合いはゴールドからミディアム・アンバー。アルコール度数は5.0～8.2%。ブレタノマイセス酵母由来の強い酸味と野性味あふれる独特な香りがあります。その香りはホーシー（馬臭）、ゴーティ（山羊臭）、レザリー（革臭）などと表現されます。伝統的な製法によるランビックは、完全発酵させるため麦芽由来の残留糖分がなくドライな飲み口です。木樽の中で数ヶ月の発酵の末にできるのがストレートランビックという原酒です。それに対して、熟成させたランビックと発酵を終えたばかりの若いランビックをブレンドし、びん内で二次発酵させたものをグーズランビックといいます。また、発酵中のランビックにクリーク（さくらんぼ）、フランボワーズ、カシスなどの果実を加えて発酵させたものはフルーツランビックと呼ばれます。果実の甘味により酸味が緩和され飲みやすく仕上がっているものが多くあります。また、若いランビックにキャンディーシュガーなどの甘味を加えて飲みやすくしたものはファロと呼ばれます。

●**銘柄例**　カンティヨン グーズ、ブーン・グーズ、リンデマンス カシス

A24: ベルギーのランビックに関する説明で、正しいものを、次の選択肢より選べ。（2級改）
❶発酵を終えたばかりの若いランビックは"グーズランビック"と呼ばれる
❷日本で酒造りに使われた蘭引という道具と語源が同じである
❸3年程度寝かせたホップを使用する
❹小麦麦芽を3～4割使う

A24: ❸

5. アメリカ発祥の主なスタイル

アメリカといえば「バドワイザー」「クアーズ」「ミラー」など、大手ビールメーカーがつくるアメリカンラガーがおなじみです。爽やかな飲み口が人気の一方で、近年はクラフトビールが注目され動きが活発化。ヨーロッパ発祥のスタイルをもとに、ホップを大量に使用するなど、新たな発想で多くのアメリカンスタイルが誕生しています。アメリカのブルワーズ・アソシエーションによると、2022年のアメリカのクラフトビール醸造所の数は9,552か所で、直近7年で約2倍になっています。また、2022年の全ビール販売量の約13%、販売金額の約25%はクラフトビールが占めています。

過去問

Q25:近年のクラフトビールブームによって注目されるようになったホップで、IPAやペールエールなど、香りが特徴的なスタイルに使われているアメリカンホップの代表品種を、次の選択肢より選べ。(2級)
❶ギャラクシー
❷カスケード
❸ペルレ
❹テトナング

[上面発酵 ALE]

アメリカン・ペールエール

フローラル、フルーティな**ホップの豊かな香り**と、しっかりとした苦味が特徴で、麦芽の風味は控えめです。色合いは麦わら色から淡い琥珀色。アルコール度数は4.4〜5.4%。

イギリスのペールエールがアメリカに伝わり、アメリカ産ホップをふんだんに使用した、柑橘系の華やかな香りを感じるビールに進化しました。

A25:❷

シエラネバダ ペールエール

カスケードホップを使用したアメリカン・ペールエールでクラフトビールの歴史の扉を開いた元祖クラフトブルワリーの代表作。権威ある大会で4度金賞を受賞するアメリカを代表する逸品。

●銘柄例 シエラネバダ ペールエール、伊勢角屋麦酒 ペールエール、箕面ビール ペールエール、オラホビール キャプテンクロウ エクストラペールエール、ヤッホーブルーイング よなよなエール

過去問

Q26: イギリスで発祥したIPAは、アメリカに渡り様々なタイプのIPAが誕生している。以下のIPAの種類のうち、アメリカ発祥のものはいくつあるか。次の選択肢より選べ。(2級)
(1) インペリアルIPA
(2) ニューイングランドIPA
(3) ブリュットIPA
❶1つ ❷2つ
❸3つ ❹1つもない

アメリカンIPA／ウエストコーストIPA

フローラル、フルーティな**ホップの香りが極めて強く**感じられ、ホップの苦味も中程度から非常に強いレベルであります。色合いは淡い黄金色から濃い銅色で、アルコール度数は6.3～7.5%と高め。ミネラル含有率の高い水で仕込むため、スッキリしたドライな味わいが特徴です。アメリカ西海岸発祥であることから、ウエストコーストIPAと呼ばれることもあります。

ストーンIPA

アメリカを代表するIPA。ホップの香りとモルトの味わいとのバランスが絶妙。ストーン1周年記念として醸造され、人気定番となる。ホップは、マグナム、チヌーク、センテニアルの3種類を使用。

●銘柄例 ストーンIPA、ラグニタスIPA、バラスポイントブリューイング スカルピン 、伊勢角屋麦酒 IPA、ヤッホーブルーイング インドの青鬼

インペリアルIPA／ダブルIPA

アルコール度数は7.5～10.6%とアメリカンIPAより高いのが特徴。色合いは麦わら色から琥珀色で、銘柄によってはドライホッピングによる濁りがあります。鮮度感のあるホップの香りや苦味が強く感じられ、アルコール感も口の中ではっきり感じられます。

A26:❸

過去問

Q27:トロピカルなホップの香りと小麦やオーツ麦を加えた独特な濁りが特徴で、「ジューシー・アンド(オア)・ヘイジー」と表現されるアメリカ発祥のビアスタイルを次の選択肢より選べ。(2級)
❶ペールエール
❷ニューイングランドIPA
❸ポーター
❹アメリカンラガー

●銘柄例 リヴィジョン ダブルIPA、ラグニタス マキシマス、箕面ビール W-IPA、志賀高原ビール 其の十、ベアードビール スルガベイ インペリアル IPA

ジューシーorヘイジーIPA／ニューイングランドIPA

ジューシーは果汁のような香りや味わい、ヘイジーは白濁を表現しており、これがこのスタイルの最大の特徴です。アメリカ北東部のニューイングランド地方発祥のため、ニューイングランドIPAとも呼ばれています。色合いは小麦色から琥珀色で、濁りの程度は銘柄により異なります。アルコール度数は4.4～5.4%。デンプン、酵母、ホップ、タンパク質、その他が、多様な濁りの原因となっています。濁りを促進するために、**オーツ麦、小麦、そのほかの副原料を使用**します。ドライホッピングによるトロピカル系の強いホップの香りがあり、苦味を抑えたソフトな口あたりで、苦味のレベルはIBUの数値よりかなり低く感じられます。

知っトク

セッションビール

伝統的なビアスタイルを維持しつつ、アルコール度数を下げ(3.5～5.0%)、飲みやすくしたビールのこと。これをIPAに適用したものは、セッションIPAと呼ばれます。

シエラネバダ ヘイジーリトルシングIPA

アメリカで最も販売されているHazyIPAの1つ。シトラやコメットホップを使用し、霞のような濁り、トロピカルフルーツやシトラスなどのあふれるほどの果汁感ある香りが特徴的。

●銘柄例 伊勢角屋麦酒 ねこにひき、ワイマーケットブリューイング ルプリンネクター、Far Yeast Hop Frontier -Juicy IPA-、ブリュードッグ ヘイジージェーン、シエラネバダ ヘイジーリトルシングIPA

アメリカン・アンバーエール／アメリカン・レッドエール

色合いは琥珀色から赤褐色の範囲。ローストした麦芽を使用しているため、カラメルのような風味があり、フルーティさを抑えた重めの味わいが特徴です。アメリカ品種のホップならではの苦味と香りもしっかりあります。アルコール度数は4.4～6.0%。

●銘柄例 常陸野ネスト アンバーエール、サンクトガーレン アンバーエール

A27:❷

[下面発酵 LAGER]

アメリカンラガー

のどごしも色合いも極めてライトなビールです。麦芽の甘味、ホップの香りや苦味はあまり感じられません。アルコール度数は4.0～5.0%程度で、炭酸ガスの含有量が非常に高く、炭酸の刺激を強く感じます。副原料にコーン、米、その他の穀類や糖類がよく使われます。

バドワイザー

世界6大陸・85か国以上で愛飲されるアメリカンラガーの代表ブランド。高品質な原料を通常よりも長く醸造することで実現した、スムーズな味わいと甘味が特徴。

●**銘柄例**　バドワイザー、コロナエキストラ

Q28:「アメリカンラガー」の特徴について、最も適切なものを次の選択肢より選べ。(2級改)
❶炭酸含有量が低いマイルドなビール
❷しっかりしたアルコール感に、麦芽の風味が強いビール
❸のどごしも色合いも極めてライトなビール
❹果実感と濁りが特徴のビール

A28:❸

BEER COLUMN

アメリカンホップの代表格「カスケード」

アメリカを代表するホップ品種のカスケード。米国農務省の品種改良プログラムで誕生したこのホップが、一般にリリースされたのが1972年。その後、1975年発売の「アンカーリバティエール」、1980年発売の「シエラネバダ・ペールエール」といったアメリカンクラフトビールの草創期に人気を博した商品でカスケードが使用され、このホップの特徴である柑橘系の爽やかな香りが世界中で人気になっていきます。日本でも「よなよなエール」など多くのビールで使用されています。

6. その他のスタイル

ハーブ・スパイスビールや木樽熟成ビールなど発祥国が特定できないものがあります。一方、歴史は浅いですが、日本発祥の酒イーストビール、緑茶ビール、柚子ビールなどの新たなスタイルも国内外で人気を得ています。その他、パンプキンビール、チリペッパー（トウガラシ）を使用したチリビール、ライ麦麦芽を使用したライビール（ロッケン）など、本書には掲載しきれない多様なスタイルが存在します。

ハーブ・スパイスビール

ホップに、植物の根、タネ、果実、野菜、花などのハーブやスパイスを加え、個性的な風味を持たせたビールです。ホップの香りは低く抑え、ハーブやスパイスの香りを際立たせているものや、ハーブやスパイスの風味が弱いものもあります。全体の風味がバランスよく調和していることが、最も重視されます。

●銘柄例 エーデルワイス スノーフレッシュ、いわて蔵ビール ジャパニーズハーブエール山椒、田沢湖ビール ドラゴンハーブヴァイス

Q29: 原料にオレンジを使用したフルーツエール「湘南ゴールド」を製造しているブルワリーを、次の選択肢より選べ。（2級）
❶横浜ビール
❷ベアードブルーイング
❸ヤッホーブルーイング
❹サンクトガーレン

フルーツビール

フルーツビールは、果実や果汁、果皮などを副原料として使用したもので、フルーティな風味が、主原料の麦芽やホップなどの風味と調和したビールです。日本のクラフトビールでも地域の果物を活かしたものなどが多く見られます。

●銘柄例 リンデマンスカシス、ブーンクリーク、サンクトガーレン湘南ゴールド、サンクトガーレンパイナップルエール、常陸野ネストビール ゆずラガー

バレルエイジドビール（木樽熟成ビール）

一定の期間、木樽の中、もしくは木片と一緒に長期熟成させたビール。ラガー、エール、ハイブリッドは問わず、アルコール度数

A29: ❹

は3.8～8.0%。木樽もしくは木片でのエイジングによって生まれる、バニラ香と木香が混じりあった複雑なキャラクターを感じさせるものが多くあります。ポート、ウイスキー、ワイン、シェリーなどを熟成させていた木樽を使用することで、元のお酒の風味を取り入れたものもあります。

●銘柄例　ヤッホーブルーイング バレルフカミダス、玉村本店 木樽熟成山伏

チョコレートビール

ダークチョコレートまたはココアを思わせる、甘い香りが漂うビール。製法は2種類あり、麦芽のみでチョコレート風味を持たせる製法と、チョコレートの原料となるカカオパウダーなどを投入して香りと風味づけをする製法があります。市販されている商品では、前者が主流となっています。

●銘柄例　サンクトガーレン インペリアルチョコレートスタウト、ベアレン チョコレートスタウト、HOPPIN' GARAGE 大人のチョコミント

酒イーストビール

日本酒の醸造に使われる酵母、いわゆる「清酒酵母」を用いたビールで、英語でも「Sake-Yeast Beer」「Ginjo Beer」と呼ばれます。最大の特徴は吟醸香がすること。オレンジ、リンゴ、マスカットなど様々な果物や杉、椎茸などの清酒酵母がもたらす複雑な特徴が、麦芽やホップの特徴と調和していることが、このスタイルの必須条件となります。

あきた吟醸ビール

日本酒吟醸酵母とビール酵母との交配から生まれた酵母を使用。原料にあきたこまちを使用した、フルーティでライトなビール。

●銘柄例　反射炉ビア 大吟醸政子、黄桜 京都麦酒 蔵のかほり、秋田あくらビール あきた吟醸ビール、松江ビアへるん おろち

Q30: 次の文章の(A)に当てはまる人物を、次の選択肢より選べ。
【文章】「HOPPIN' GARAGE 大人のチョコミント」は、日本ビール検定1級合格者の(A)さんが「スイーツ感覚で楽しめる1本」をテーマに企画した商品で、口いっぱいに広がる甘くてスースーするチョコミントの風味が特長です。(2級)
❶長畑勝則
❷長谷川小二郎
❸けんけん
❹古賀麻里沙

A30:❹

Q31: ビールの色度を表す単位を、次の選択肢より選べ。（3級）
❶SRM　❷ABV
❸IBU　❹ABW

過去問

Q32: イギリスのパイントグラスの容量を、次の選択肢より選べ。（3級）
❶284ml　❷473ml
❸568ml　❹633ml

BEER COLUMN

ビアバーの黒板

ビアバーの黒板メニューなどで見かける、ABV、IBU、SRM、EBCといったアルファベット3文字。これらの意味がわかれば、ビールをオーダーする際の指標になります。

ABVはアルコール・バイ・ボリュームの略で、アルコール度数を表します。IBUはInternational Bitterness Units（国際苦味単位）の略で、ビールの苦味の指標になります。日本の標準的なビールはIBU15～30程度でIPAなど苦味が強いものはIBU50以上になります。ただし、実際に体感する苦味はそのビールの特質によって変わります。たとえば、ビールの甘味によって苦味が緩和されるため、IBU値よりも苦くないと感じることがあります。

SRM、EBCはどちらもビールの色を表す単位で、EBCは主にヨーロッパで使用されます。

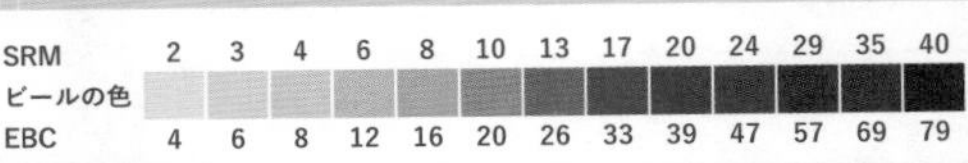

SRM	2	3	4	6	8	10	13	17	20	24	29	35	40
ビールの色													
EBC	4	6	8	12	16	20	26	33	39	47	57	69	79

※EBC（European Brewery Convention）=SRM（Standard Reference Method）×1.97

上記以外で知っておくべきビールの単位はパイント（pint）です。イギリスとアメリカではサイズが異なり、イギリス（UK pint）は568ml、アメリカ（US pint）は473mlです。

A31:❶

A32:❸

Part 4

ビールを味わう

Chapter 11 ビールのおいしさ

ビールのおいしさは、さまざまな要素のバランスで成り立っています。ここでは、ビールのおいしさを構成している大事な要素や味わいを左右するさまざまな条件を学んでいきます。

1. ビールの香りと味

ビールの魅力である香りと味は、原料由来のものと、発酵中に生成されるものがあります。ビールには非常に多くの成分が含まれており、その大部分が、程度の差こそあれ、何らかの形でビールの香りと味に影響を与えています。

ビールの香り

ビールの香りの成分には、**原料の麦芽やホップに由来**するものと、**発酵に由来するもの**があります。ホップ由来成分には果物などと共通する香りが含まれ、発酵由来成分であるエステルやカルボニルなどには日本酒やワインと共通するものもあります。その成分は、確認されたものだけでも200種類以上にも及ぶといわれています。

ビールの香りは、該当する成分が含まれていれば必ず認識できるとは限りません。それぞれの香りには閾値（いきち）というものがあります。ある香り成分を少量ずつ水に溶かして濃度を高めていくと、最初は感じなかった香りが、ある濃度から感じ始めるようになりますが、その濃度が閾値です。ビールの香りの成分はこの閾値が極めて低いことが多く、そのレベルはppm（100万分の1）あるいはppb（10億分の

アロマ

アロマ（aroma）は飲む前に鼻で感じる香りのこと。ホップのアロマが特徴的であれば「ホッピーなビール」、麦芽のアロマが強ければ「モルティなビール」などと表現します。「エステル香」は、酵母の働きによって麦芽が発酵する際に生まれる香味成分のことで、バナナやリンゴなどのフルーティな香りが特徴です。

1）にもなります。そのため、人によって認識できたり、できなかったりします。

また、香り成分同士の影響もあり、単純に個々の香り成分の足し合わせにはなりません。さらに、香りには、ビールを飲む前に感じる香り（アロマ）と、飲み込んだ後に喉の奥から鼻に抜ける香り（フレーバー）があり、どちらで認識するかによっても香りの印象が変わります。

香り成分には、ビールのスタイルに応じて適正な濃度範囲があります。また、調和が重要であり、特定の成分が極端に多くなることは避けるべきだとされています。

このようにビールの香りは、複数の成分の相互の作用や、ビールのスタイル、そして飲み方によってつくり出されるものなのです。

フレーバー

フレーバー（flavor）は口に含んで、口内に感じる味や香り。香味、風味ともいいます。

ビールの味

ビールの特徴的な味として苦味（くみ、にがみ）があります。ビールの苦味成分はホップ由来のイソアルファ酸です。ビール中のイソアルファ酸の濃度は、ビールのスタイルによりそれぞれ適正な値があります。

ビールの味には、苦味の他に濃醇（のうじゅん）さと呼ばれるものもあり、それらの味に影響する物質として特に重要なのは、タンパク質やペプチド、より低分子のアミノ酸、核酸などです。ビールに含まれるこれらの物質のほとんどは、主原料である麦芽に由来します。タンパク質やペプチドは、それらが個々に舌の上の単一味蕾（みらい）を刺激し、複雑な味のふくらみ（濃醇さ）に関与しているのではないかと考えられています。

苦味は濃醇さとの調和やバランスが重要です。たとえば、淡白なビールに強い苦味をつけると苦味が浮き出てしまいます。ビールの苦味はいつまでも舌の上に残るような苦さではなく、すぐ消えるようなものが求められます。

味のふくらみや苦味の他にも、発酵で生成する有機酸や酵母に取り込まれずにビール中に残ったデキストリンや糖類なども、ビールの味を構成している要素です。有機酸は主に酸味を呈し、また、

テイスト

ビールを口に入れた後に舌で味（taste）を受け止めます。苦味、甘味、酸味、それらのバランスなどを感じましょう。

デキストリンや糖類は主にコクや甘味を呈します。

ビールの香りと味(香味)の評価

ビールの味と香りは、両者がお互いに影響しながら香味(こうみ)(口に含んで、行内に感じる味や香り。フレーバー)を形成しています。ビールの香味は、芳醇さ、切れ味、雑味のない純粋さ、炭酸ガスの快い刺激、香味の調和、香味のバランス、飲み飽きのなさといった言葉で表現されます。

ビールメーカーでは、これらを客観的に評価する方法として官能検査が用いられます。官能検査とは、視覚・聴覚・味覚・嗅覚・触覚という人間の五感をもとにビールの特性を測定する検査方法で、食品の分野で広く活用されています。官能検査を行う担当者の訓練や官能検査結果の統計的な解析によって、香りや味も泡や色といった他の品質と同様に客観的に測定、評価できるようになってきています。

官能検査には、品質を分析的に評価する分析型官能検査と、嗜好品としての側面から評価する嗜好型官能検査があります。分析型官能検査の場合は、主に次のような項目について個々に評価するとともに、あわせて全体の調和を含めた総合評価を行います。

①色・光沢・泡立ち・泡持ち
②香り　③味　④後味　⑤濃醇さ
⑥苦味の強さ・苦味の質

これらを総合し、それぞれのビールの種類やタイプに応じた評価を行えるようになるには、わずかな違いを検知し、それを正確に表現できる能力と実際のビールの官能検査での訓練が必要です。

醸造家(ブルワー)が、求めるビールの香味を決めるためには、どういった原料を選ぶのかということだけでなく、使用する酵母の種類の選択、仕込や発酵の条件などの設定が重要になります。その基礎となっているのは長年にわたる経験と、それを支える広範な知識です。

基本のキ

ボディ

ビールのボディ(body)とは、いわゆる「コク」や「厚み」「飲みごたえ」で、飲んだときに感じる味わいの濃淡のこと。濃醇な味わいであれば、「ボディが強い」「フルボディ」、淡麗な味わいであれば「ライトボディ」などと表現します。

2.ビールの色と泡と温度

人間は五感を使って「おいしい!」を認識します。ビールの場合も、味や香りはもちろん、見た目やのどごし、温度なども「おいしい!」を構成する重要な要素になります。

ビールの色

ビールの色は主に麦芽から、一部はホップや水から由来するものでつくられます。ビールの色は品質管理上で重視される項目の1つです。濃色ビールの場合は特に、使用する濃色麦芽に大きく影響を受けることになります。淡色ビールの場合は、光沢ある黄金色が望ましいとされ、褐色ないし赤色調を帯びたものは不良とみなされます。なぜなら、このような色調は、味や香りの不良と関連することが多いからです。一般的に、ビールが酸化によって品質の劣化を起こした場合、赤みがかった色に変化します。

仕込工程では、原料からのポリフェノール類の溶け出しや、麦汁煮沸中に麦汁中のアミノ酸と糖類の化学反応によって生成する成分などが色に影響します。また、仕込用水の硬度、第二麦汁のろ過で用いる撒き湯の温度やpH値(水素イオン指数)も、色に影響を及ぼします。

製品となった後も、長期の保存は時間とともに酸化反応が進行し、赤みを帯びるようになってきます。また、輝(てり)りと表現される清澄(せいちょう)さも失われ始め、次第にぼけた色となり、味や香りも老化した特徴を示すようになります。このように、色はビールの品質全体を測る指標になっているともいえます。

多くのビアスタイルでは、濁りがなく透明であることも重視されますが、ヘーフェヴァイツェンなど、ろ過をせず酵母などによる濁りを持つスタイルもあります。近年ではヘイジーIPAが注目

Q1:ビールの色は主に何に由来するか。次の選択肢のうち、最も影響度が高いものを選べ。(3級)
❶麦芽　❷水
❸ホップ　❹酵母

ヘイジーとは?
ヘイジー(hazy)は、「もやのかかった、かすんだ」という意味です。ヘイジーIPAは「もやのかかったIPA」という意味で、その濁った液色を表現しています。

A1:❶

されています。これは小麦やオーツ麦などを加えて増加させたタンパク質と、穀皮やホップに由来するポリフェノールがコロイドを形成して液を濁らせています。

ビールの泡

知っトク

ヘッド（head）

ビールをグラスに注いだ際に、液面の上にできる泡のことを、英語でheadといいます。泡立ちはhead formation、泡持ちはhead retentionです。

ビールが注がれたときに、見た目でビールらしさを大きく演出してくれるものが泡です。泡もビールの重要な品質の１つです。

泡の成分は、ビールの芳醇さなどにも関係しており、さらにはおいしく飲むためにも重要な役割を果たしています。ビールメーカーにおけるビールの泡の評価は、**泡立ち、泡持ち、泡の付着性、きめ細かさ、色など**の項目に分けて行います。

過去問

Q2: ビールの泡がすぐに消えず長続きすることを示す言葉を、次の選択肢より選べ。（３級）

❶フロスティミスト
❷泡の付着性
❸泡持ち
❹泡立ち

泡立ち

ビールに含まれる炭酸ガスによってビールは泡立ちます。ビールを容器に注ぐと、その衝撃によってビール中の炭酸ガスが無数の気泡となって上昇し、液面の上部に泡の層をつくり、白く盛り上がった滑らかできめの細かいビール独特の泡となります。

泡持ち

できあがった泡が粗く、あっという間に消えてしまったのでは、ビールのおいしさを保つ“蓋”の役割も果たせず、見た目のうまさも長続きしません。できあがった泡が長続きすること（泡持ち）はビールの重要な特性です。

ビールに含まれる成分のうち、泡立ちに有効なものは泡持ちにも効果があります。泡持ちにプラスになる成分は、タンパク質、イソアルファ酸、炭水化物、無機塩類などであることが、多くの研究でわかっています。泡の表面（界面）を強くする主役は、タンパク質とイソアルファ酸です。これらの物質は特に泡の表面に集まりやすく、粘りや弾性を持たせる性質を有しています。これらをバランス良く含んだビールがきめの細かい泡を形成した場合には、良い泡持ちを示すことが解明されています。きめの細かい均一な泡は、物理的に強いばかりでなく、白くて美しい泡の形成にも関

A2:❸

与します。

しかし、泡持ちに効果があるからといってタンパク質やイソアルファ酸の量をやみくもに増やすことは、味と香りのバランスを崩します。あくまでも全体の品質と泡持ちを良くする物質の両方のバランスが必要なのです。

一方、泡持ちにマイナスの作用をする物質としては、脂質や脂肪酸、さらには酵母に由来するタンパク質分解酵素（プロテアーゼ）があります。しかし、ビールの泡持ちのすべてが解明されているわけではありません。ビール中には800～900といわれる数の成分があり、程度の差こそあれ、それらがすべて泡持ちに微妙に影響し合っているからです。

Q3: ビールの泡は炭酸水やスパークリングワインのようにすぐに消えることがなく長続きする。この理由として正しいものを、次の選択肢より選べ。（3級）
❶泡に含まれるプロテアーゼが、脂質を分解するため
❷泡の表面にタンパク質やイソアルファ酸が集まるため
❸泡の内側にデンプンが残っているため
❹油分が泡の弾性を強化するため

泡の付着性

泡の付着性は、ビールを注いだグラスからもわかります。ビールを一口飲むごとにグラスの内部にくっきり泡の輪ができ、しかも何度でビールを飲み干したかがその輪の数でわかるようなら、そのビールは泡持ちに加えて、泡の付着性が良いといえます。

ビールの泡の役割

ビールの泡は、グラスに注がれたビール中の炭酸ガス、ホップ、酵母が醸し出した香りの急激な揮散や、空気との接触による酸化を防ぎ、ビールのおいしさを保つ上で重要な役割を果たしています。つまり **“蓋”の役割**を担っています。

もっと積極的にビールをおいしくする役割もあります。それは炭酸ガスと苦味成分という２つの味覚要素を制御することです。日本の標準的なビールは約0.5重量％（1l当たり約５g）の炭酸ガスを含みます。これは適正値よりやや多めで、舌や喉をピリピリ刺激してマイルドなのどごしを阻害し、苦味をより強く感じさせます。

また、ビールの苦味成分であるホップ由来のイソアルファ酸は、麦芽由来のタンパク質と協働して泡を構成する成分なので、液体より泡に濃く含まれます。きめ細かい泡が豊かであれば、イソア

A3:❷

過去問

Q4: ビールの泡に関する説明として誤っているものを、次の選択肢より選べ。（2級）
❶泡持ちにマイナスになる成分として、脂質や脂肪酸、プロテアーゼがある
❷泡持ちにプラスになる成分としてタンパク質、イソアルファ酸、炭水化物、無機塩類などがある
❸ビールに含まれる炭酸ガスによってビールは泡立つ
❹ビールの泡はビールの液の部分より苦味が弱い

A4: ❹

ルファ酸が泡に多く移行するので、**液中の苦味が減ってマイルドな味わいに**なります。この炭酸ガスと苦味成分を制御してビールをおいしくする役割は、後述する「生ビールの注出方法」や「缶ビールがさらにおいしい3度注ぎ」でも活用されています。

泡は状態を表すバロメーターにもなります。静かに注いでも泡ばかりであれば、ビールがぬるいか、もしくは振動を与えられた可能性があるといえます。逆に泡立たないのは冷やしすぎなどが考えられます。

その他にも、泡立ちや泡持ちを見れば、ビールの鮮度やグラスの洗い方、注ぎ方もわかります。つまり、ビールのすべての条件を知らせる大切な証人が「泡」だということができるのです。

ビールの泡のつくり方

びんや缶のビールを適度に泡立たせるためには、注ぐ際にグラスに当たる衝撃を活用します。グラスの壁面を伝わせるように静かに注ぐと泡立ちは弱くなります。注ぎ始めはやや細い流れでしっかりとグラスの底面に当てます。最初の流れで泡ができてしまえば、「泡が泡を呼ぶ」ように泡がつくられますので、あとは適量の泡になるように液を注ぐ勢いを加減しながら、泡をグラスの上方へ押し上げるようにゆっくりと注ぎます。一般的なピルスナースタイルの場合、液体7割、泡3割の比率で、泡がきめ細かいなら上手に注げています。

一方、イギリスのエールは炭酸ガスが少なく、苦味以外の味覚成分も多いので、泡も少なめに注がれます。さまざまなビアスタイルによって、その味わいを活かす注出法があり、泡の立て方も異なります。

ビールの温度

日本人には「よく冷えてこそビール」という感覚があります。しかし、ビールにも適温があって、冷やしすぎはよくありません。

好みの問題なので正解はありませんが、**一般的なピルスナービ**

ールの場合、6～8℃が飲み頃であるといわれています。ビールを冷やしすぎると、泡立ちが悪くなり、タンパク質や炭水化物の成分が結合した結果、混濁を生じることがあります。これは、寒冷混濁と呼ばれます。ビール中の成分が凝結したもので体に害はありませんが、ビール本来のおいしさを損なってしまいます。

以上のことから冷凍庫内で急激に冷やすことも避けてください。また急激な温度変化は、びんや缶内の内圧を上昇させ破裂する危険性もありますので注意が必要です。早く冷やすためには、大きめの容器に水を張ってたっぷり氷を入れ、その中にびんや缶を入れて冷やすのが良いでしょう。0℃に保たれた氷水の中なら、びんは約1時間、缶は約30分で飲み頃になります。

なおピルスナータイプの適温は前述の通りですが、**エールなどは華やかな香りを楽しむために、やや高めの温度が適しています。** 飲みながらグラスを手で温めたり揺すったりすると、香りが立ってくる場合があります。

Q5: ビールの適温に関する記述で、誤っているものを、次の選択肢より選べ。（2級）
❶ビールを冷やし過ぎると泡立ちが悪くなり混濁を生じることがある
❷一般的にエールはピルスナーよりやや高めの温度で味わうのに適している
❸日本の大手ビールメーカーはビールを冷凍庫で急冷することを推奨している
❹ビアスタイルや銘柄ごとに適温があり冷やし過ぎはよくない

チルヘイズ

寒冷混濁は英語でチルヘイズ（chill haze）です。この混濁は凍結しない程度の低温で発生しますが、ビールが常温に戻ると消えて再びビールが透明になることから一時混濁（temporary haze）ともいいます。

A5:❸

BEER COLUMN

びんビールと缶ビールの味は違う？

びんビールと缶ビール、味に違いはあるでしょうか。缶ビールには金属臭があるという人がいますが、缶の内面は、合成樹脂によってコーティングされているため、**金属臭はまったく付着しません。** 缶とびんでビールの味に違いがないことは、専門家によるテイスティングでも確認されています。ただし、同じ中身のビールであっても、容器から直接飲むか、グラスに注ぐかによっても味の感じ方に違いが生じます。さらに、注ぎ方やグラスの形状、ビールの温度など、飲用時の条件が変われば、味の感じ方もさまざまに変化します。

3. ビールの劣化

製造技術の進化により、安定した品質のビールを飲めるようになった現代でも、ビール本来のおいしさを損なってしまうことがあります。その原因を解明することで、ビールを劣化させにくい管理方法を知ることができます。

缶内面のコーティング

缶の内面はエポキシ系合成樹脂の塗料でコーティングし、ビール液体とアルミ金属とを遮断しています。このエポキシ系塗料は安全性はもとより、ビールの風味に影響を及ぼすこともありません。

過去問

Q6: ビールびんの色に茶色や緑色が多い理由として、最も適切なものを、次の選択肢より選べ。（３級）
❶熱処理しやすくするため
❷再利用できるようにするため
❸ビールの日光臭の発生を防ぐため
❹ビールが酸化するのを防ぐため

加齢臭

ビールではなく人間の話です。資生堂は1999年、人間の加齢に伴い発生する特有の香り（加齢臭）の原因物質がノネナール（トランス-2-ノネナール）であることを発見。2021年には、ノネナールに対するマスキング香料が肌ダメージを抑制することに成功した、と発表しています。

A6:❸

オフフレーバー

醸造工程や原料、または完成した後の保存環境により、本来そのビールにあるべきではないにおいが発生することがあります。ビール本来の香味を損なうこれらのにおいを、オフフレーバーと呼びます。代表的なオフフレーバーには、次の表のものがあります。

オフフレーバーのタイプ	原因物質
とうもろこしのようなにおい	硫化ジメチル（DMS）
バターのようなにおい	ジアセチル（ダイアセチルともいう）
ダンボール紙のようなにおい	トランス-2-ノネナール
甘いウイスキーのようなにおい	糖やアミノ酸が熱変化したもの
日光臭	チオール化合物

ビールの品質に影響を与える因子

ビールの品質は、**日光、温度、振動に影響を受けて**変化することが知られています。したがって、ビールは日のあたるところを避け、涼しい場所、振動のない場所で、保存することが望まれます。

日光によるビールの品質への影響

ビールは、日光など光にさらされることにより、日光臭と呼ばれる不快なにおいが発生することが知られています。ビールびんが茶色や緑色であるのは、日光臭発生の原因となる特定の光をある程度遮断するためです。しかし、完全に遮断することはできず、直射日光下に短時間でも放置した場合には不快なにおいが発生します。そのにおいは、獣臭、スカンキーフレーバー（スカンクのにおい）などと表現されます。

温度変化によるビールの品質への影響

ビールは高温にさらされると、味の調和が崩れ、味や香りに変化を生じる場合があります。

ホップ由来の苦味成分やタンニンが酸化することにより、味のバランスが変わることもあります。また、**ダンボール紙のようなにおい**（紙臭・カーボード臭）や**甘いウイスキーのようなにおい**も生じることが知られています。両方ともに酸化臭の一種ですが、ダンボール紙のようなにおいは、トランス-2-ノネナールという原因物質が特定されており、一方、甘いウイスキーのようなにおいは、ビール中の**糖やアミノ酸などが熱で変化**することにより生じることが知られています。

また、温度変化は風味を損なうだけでなく、ビール中のタンパク質とタンニンの結合を起こしやすくし、濁りや沈殿を生じる原因にもなります。夏場の車中やトランクルーム内に長時間保存することは避けましょう。

振動によるビールの品質への影響

ビールに溶け込んでいる炭酸ガスは、振動を与えると状態が不安定になり、味わいが変化します。ビールの保存にあたっては静置した状態を保つように心がけましょう。ビールを冷蔵庫に入れる際は、ドアポケットや引き出しなどの動きがある場所は避け、揺れの少ない庫内に保存するのが良いでしょう。また、購入直後や配達直後のビールは、運搬により振動の影響を受けています。すぐに飲むよりも1日以上静置してから飲むのがおすすめです。

ビールの老化

ビールは保存方法によっては、新鮮さが失われることがあります。この現象は、ビールの「老化」とも呼ばれています。

ビールの老化の原因は、酸素によるビール中の成分の酸化です。そのような老化による変化の一例として、たとえば、ビールの仕

Q7：びんビールの保存の際、中味品質に大きな悪影響を与えない因子を、次の選択肢より選べ。（3級）
❶直射日光 ❷高温
❸乾燥 ❹振動

ダイアセチル（ジアセチル）
オフフレーバーの1つとされる「ダイアセチル」ですが、ビールのスタイルによっては、許容される場合があります。例えばボヘミアンピルスナーやイングリッシュスタイルのエールでは、非常に弱いレベルであれば、アクセントとして感じられてもよいとされています。

過去問

Q8：家庭でのビールの冷やし方に関し適切なものを、次の選択肢より選べ。（2級）
❶冷やす場所は冷蔵庫のドアポケットが安定するので好ましい
❷冷やしすぎは成分が凝結することがあるので注意が必要
❸早く冷やすためには栓をあけてから冷蔵庫に入れると良い
❹急いで冷やす場合はビールを寝かせて冷凍庫に入れると良い

A7:❸

A8:❷

 過去問

Q9: ビールは高温にさらされると、ダンボール紙のようなにおいや甘いウイスキーのようなにおいも生じることが知られている。ダンボール紙のようなにおいはカードボード臭（紙臭）とも呼ばれている。この紙臭の原因物質を、次の選択肢より選べ。（2級）
❶チオール化合物
❷ジアセチル
❸トランス-2-ノネナール
❹硫化ジメチル

A9: ❸

込工程で麦芽由来の脂質が酸化されると、オフフレーバーのもととなるトランス-2-ノネナールが生成されることがあげられます。なお、このトランス-2-ノネナールの生成には、空気中の酸素による自然酸化の他に、麦芽に含まれているリポキシゲナーゼという酵素も関わっていることが知られています。この酵素は、紙臭の発生の重要な原因になるので、この酵素の働きを抑えるためにさまざまな研究がなされています。

また、ビール中に含まれるごく微量の酸素が変化して生まれる活性酸素も、ビールの老化に関わっていることが知られています。活性酸素の発生に伴って、化学反応性が高いラジカル類が生成します。そして、それらのラジカル類はさまざまなビール成分を変化させることで老化臭の原因物質を生成します。この老化を防止するためには、ビール製造工程において酸素との接触を避けることと、発生したラジカル類を不活性化することが必要です。このラジカル類を不活性化する働きを持つものとしては、ビール原料に由来するポリフェノールなどがあげられます。

BEER COLUMN

ビールのアンチエイジング対策

新鮮なビールのおいしさを損なう原因の1つが、ビール成分の酸化。この酸化に関わっているのが、麦芽に含まれるリポキシゲナーゼという酵素です。サッポロビールは、この酵素の一種であるリポキシゲナーゼ-1（LOX-1〈ロックス1〉）を持たない大麦を、岡山大学との共同研究で、同大学が保有する1万種を超える大麦の中から発見。さらに、カナダのサスカチュワン大学と共同でこのLOX-1を持たない「LOX（ロックス）レス大麦」を育種し、2008年から北米で商業生産を開始しています。この画期的な大麦からつくられた麦芽が、2011年からサッポロ生ビール黒ラベルに採用されている「旨さ長持ち麦芽」です。この麦芽を使ったビールの試験品は、トランス-2-ノネナール等の低減が確認され、味・香りともに「老化度が低い」と評価されました。

Chapter 12
ビールをさらにおいしく

ビールは飲むグラスの形状や注ぎ方などによって、香りや味の感じ方が変わってきます。ビールの魅力を最大限に活かすポイントを押さえ、その奥深い味わいを楽しみましょう。

1. ビールのグラス

同じ品質、状態のビールでも、グラスのサイズや形、素材、状態によって、味は変わって感じられます。個性豊かなビールの魅力を活かすグラスの選び方、扱い方などを学びましょう。

ビールを飲むときはグラスに注ぐ

一般的なピルスナースタイルの場合、グラスに注ぐことで、ほどよく炭酸が抜け、**口あたりがマイルド**になります。また、ビールの泡が酸化や香りが飛ぶのを防ぐ蓋の役割をします。注いだときの泡立ち・泡持ちが良ければ、ビールを飲み干す最後の一口までおいしさが持続されるのです。

さまざまなビアスタイルの魅力や個性を楽しむ上では、香りが重要な要素になります。缶やびんから直接飲んでしまえば、せっかくの香り（立ち上るアロマ）をほとんど感じることができません。美しい液色を見て楽しむこともできません。ビールはグラスに注いで飲みましょう。

おいしく飲めるグラス

ビールがおいしく飲めるグラスの条件は、注ぎやすく、泡持ちが良く、飲みやすく、見た目が美しいことです。一般的なピルスナービールの場合、美しくゆるやかな曲線を持つ**縦長の円筒形で、底に丸みのあるもの**が適しています。この形状のグラスは、ビー

五感で楽しむ

ビールはグラスに注いで五感で楽しもう！

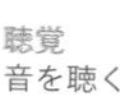

聴覚
音を聴く

視覚
色と泡を見る

嗅覚
アロマを感じる

味覚
甘味や苦みなどのテイストを味わう

触覚
温度や炭酸感、ボディを楽しむ

ルを注ぐときに円を描くように下から上へとなめらかにビールが対流して、きめ細かな泡をつくります。縦長で高さがあるため、泡立ちがよく、ビールが口元に滑らかに注ぎ込まれるため、ピルスナー特有の爽快なのどごしを堪能することができます。

主なビールグラスの種類

過去問

Q1: 英語の「倒れる、ころぶ」を語源とするグラスの名称を、次の選択肢より選べ。(3級)
❶ゴブレット
❷マグ
❸タンブラー
❹パイント

ジョッキ

ジョッキの語源は、**jug** =「**柄つきのつぼ、広口の水差し**」であり、英語の発音ではジャグといい、それがなまってジョッキとなりました。取っ手つきビールグラスのことをいいます。

マグ

マグの語源は、**mug** =「**蓋なし、片手つきの円筒形カップ**」であり、日本では小型のジョッキタイプの取っ手つきグラスを指します。

ゴブレット

語源はケルト語で、**goblet** =「**突き出た尖がり口**」を意味します。ドイツ語では「ポカール」と呼ばれており、取っ手なしで足のついたグラスを指します。

タンブラー

タンブラーの語源は英語の**tumble** =「**倒れる、ころぶ**」で、昔は獣の角でつくった器などを意味していました。現在のように平底となり、安定した形になってからも昔の名が残っています。

スタイルに合ったグラス選び

ビアスタイルによって異なるビールの持ち味を存分に堪能

A1:❸

するには、**それぞれのスタイルに合ったグラスを選ぶ**ことが大切です。グラスが変われば、ビールの香りも味も感じ方が変わってきます。たとえば、飲み口の広いグラスは香りが拡散し、狭いグラスは香りがこもります。このことから、芳醇な香りを楽しむビールには、口の広いグラスが適していることがわかります。また、くびれのあるグラスなら、美しい泡がこんもりと立ち上がるなど、各スタイルの専用グラスの形はそのビアスタイルの特徴を引き出すようにつくられています。グラスの種類や特性を知り、スタイル（または自分の好み）に合わせて使い分けてみてください。ここでは、各スタイルの代表的なブランドのグラスの形と特徴を紹介していますが、後述のコラム「ベルギービールのグラスへのこだわり」、「ビアスタイル専用グラスをブルワーと共同開発」も併せてご参照ください。

Q2: アメリカのパイントグラスの容量を、次の選択肢より選べ。（３級）
❶284ml　❷473ml
❸568ml　❹633ml

パイントグラス

１パイントの容量が入る厚手のビールグラス。同じ１パイントでも、イギリスは568ml、アメリカは約473mlと容量が異なる。

【合うスタイル】スタウト、ペールエールなど

過去問

Q3: ドイツ・ケルン近郊の限れた地域で生産され、「シュタンゲ」と呼ばれる円柱形のグラスで飲むビールスタイルを、次の選択肢より選べ。（３級）
❶ケルシュ
❷セゾン
❸ウィンナー
❹ドルトムンダー

フルート型

細長い形状で、泡の豊かなビールに用いられる。飲み口が狭く、香りを逃がさない。気泡やビールの色合いを美しく見せる効果も。

【合うスタイル】ピルスナーなど

ヴァイツェングラス

全体のシルエットは細長く、上部がふくらみ、下方がくびれている。酵母や小麦の豊かな香りが楽しめる。容量は500mlが標準。容量は500mlで約25cmという背の高さです。

【合うスタイル】ヴァイツェン

A2:❷

A3:❶

過去問

Q4:ガラス以外の素材を使ったビアグラス等の説明で、正しいものを、次の選択肢より選べ。(2級)
❶陶製ジョッキの蓋は犬が舐めるのを防ぐためという説がある
❷ピューターのマグはドイツの名産である
❸地肌のざらついた備前焼のジョッキは泡が出続ける
❹古代に使われた獣の角でつくった器はゴブレットの語源である

過去問

Q5:次の選択肢のうち、最も容量が少ないグラスを選べ。(2級)
❶パイントグラス
❷ヴァイツェングラス
❸ハーフパイントグラス
❹シュタンゲ

A4:❸

A5:❹

シュタンゲ型

シュタンゲは棒を意味するドイツ語。その名の通り、細長い円柱形。すぐ飲み干せる200mlサイズになっている。

【合うスタイル】ケルシュ

聖杯型

キリスト教の聖杯を模した形。傾けると鼻が液面に近づくため、芳醇な香りが長く楽しめる。ゆっくり味わうアルコール度数の高いビール向け。

【合うスタイル】トラピスト/アビイなど

チューリップ型

上部のくびれが泡を抑えて固めるため、泡持ちが良く外にあふれない。外側に広がった飲み口からは、華やかな香りが広がる。

【合うスタイル】ベルジャン・ストロング・ゴールデンエールなど

ガラス以外の素材

ビールを飲むための器は、ガラス製ばかりではありません。むしろ透明なビアグラスの普及は比較的新しく、黄金の液体と純白の泡を持つピルスナーが誕生した1842年以降といわれています。それ以前は陶器や金属器が主流で、象牙、獣角、石、木などもありました。

中世ヨーロッパでは、**陶製のもの**が多く使われていました。ドイツ製の陶製ジョッキには金属製の蓋がついたものがありますが、これは、当時ペストを媒介するとされたハエがビールに入るのを防ぐためであるという説があります。

地肌のざらついた備前焼などのグラスは、きめ細かな泡を生むと人気です。ただし、そういった器は泡が出続けるため、テンポよく飲む人に向いています。

金属製のグラスの素材は、**銅、ピューター、ステンレスなど**があります。金属は熱伝導が良いため、ビールの冷たさが唇に直接伝わり、清涼感が感じられます。特に銅は熱伝導に優れています。ピューターは錫を主体とした合金で、その加工品はローマ時代から英国の名産でした。ビール用のマグやゴブレットは今日でも人気です。1912年に発明されたステンレスは、錆びないので手入れが簡単です。二重構造にして保冷性を高めたものもあります。

また木や竹を素材としたビアマグもあり、優しい触感や保冷性、結露の少なさなどから、根強い人気があります。

▲蓋つきジョッキ

過去問

Q6: ビアスタイルの持ち味を存分に堪能するには、各スタイルに合ったグラスを選ぶことが大切である。細くて背の高いフルート型のグラスに最も適したビアスタイルを、次の選択肢より選べ。（3級）
❶トラピストビール
❷ベルジャンホワイト
❸フルーツランビック
❹ケルシュ

BEER COLUMN

ふくらみの秘密

パイントグラスで上部にふくらみがあるものがあります。なぜふくらんでいるのでしょうか。持ちやすくするため？

それもありますが、このふくらみがあることによりグラスを重ねたときに奥まではまり込んでしまうのを防ぐとともに、縁が欠けるのを防いでいるのです。このグラスは「ノニック」と呼ばれています。これは「ノー・ニック」(no nick＝欠け無し）から由来しています。英国のパブなどで最も一般的に見られる形状のパイントグラスです。

知っトク

ブーツグラス

昔、ドイツの兵士たちが戦勝を祝って長靴にビールを注いで回し飲みをしたのが由来といわれています。つま先を上にして飲むと、先端に空気が入ってゴボッとなり、ビールが顔に跳ね返ることも。日本では、このグラスが、人気ドラマ「男女7人夏物語」(1986～1987年）に登場し話題となりました。

A6: ❸

BEER COLUMN

ベルギービールのグラスへのこだわり

ベルギービールは、メーカーごとに特定の形状を持つロゴが入った専用グラスによってサーブされます。ベルギーのビアカフェでは、注文を受けたビールがあったとしても、専用グラスが足りなければ提供しないといわれるほど、専用グラスにはこだわっています。

多くの修道院ビールでは**聖杯型のグラス**が使われます。口が広いので香りが漂いやすいという特徴があります。ホワイトビールなど爽快感を楽しみたいタイプには、保冷効果が期待できる**厚めのタンブラー**が多く使われます。**口元がすぼまったチューリップ型のグラス**は、香りが特徴のビールに合います。鼻先を大胆に入れて香りを楽しみましょう。また、泡が豊かなビールでも泡をあふれさせずに保持できます。泡立ちが豊かだと、泡の下のビールの苦味が減ってマイルドに感じることができます。果実の色や香りを楽しむフルーツランビック系には、**細くて背の高いフルート型やワイングラスのような形状**のものが多く使われます。

その他にも、細長いフラスコのような形状で木の台にセットするパウエルクワックグラスなど、オブジェとしても楽しめる特殊なグラスもあります。

さまざまな形状を持つベルギービールのグラスですが、どれも独特の香味を活かすための醸造家のこだわりの１つなのです。

▲聖杯型

▲タンブラー型

▲チューリップ型

▲ワイングラス型

▲パウエルクワックグラス

ビールグラスの扱い方

専用のスポンジで洗う

ビールにとって、**油分は大敵**。泡立ちや泡持ちを損なう可能性があるからです。

洗うときは、洗剤でグラスの油分を完全に取り除き、すすぎを十分に行いましょう。グラスを洗うスポンジは、食器用のものとは別に**グラス専用のもの**を用意してください。お皿やフライパンを洗ったスポンジには料理の油分が残っており、そのスポンジでグラスを洗うと、油分をグラスに移してしまいます。

ふきんなどで拭かず自然乾燥

水洗いが終わったら、さかさまにして水分を切り、そのまま自然乾燥させます。ふきんなどを使用すると、微細な繊維や油分がグラス内面に付着し、泡立ちや泡持ちを損なう原因となります。**ふきんの使用は避け、自然乾燥**を心がけましょう。

グラスは凍らせない

ビールグラスを冷凍庫で凍らせるのはおすすめできません。一般的なピルスナービールの飲み頃温度は6〜8°Cですが、ビールが冷えすぎることにより本来の旨味が感じられなかったり、泡立ちが悪くなったり、**混濁を生じること**があります。さらに、グラス内面に付着した氷が溶け出すことにより、泡持ちやビールの味にも影響を及ぼします。

また、冷蔵庫でグラスを冷やす場合は、冷蔵庫内の食材のにおいが移らないよう注意が必要です。グラスを冷やしたい場合は、**飲む前に冷水または氷水にくぐらせる**のが、おすすめです。水にくぐらせることで、グラス内面の小さな凹凸や傷の上に水の膜ができて、ビールを滑らかに注ぐことができ、また、グラス内面への気泡の付着を抑制する効果もあります。

過去問

Q7: ビールをおいしく飲むためのグラスの扱い方について正しいものを、次の選択肢より選べ。（2級）
❶食器を洗った同じスポンジでグラスもしっかり洗う
❷洗った後は、ふきんで拭かず自然乾燥させる
❸食器用洗剤は使用せず、水洗いする
❹グラスは冷凍庫で凍らせる

A7: ❷

 過去問

Q8: 一般的なピルスナータイプの樽生ビールにおいて、美味しい条件として誤っている説明文を、次の選択肢より選べ。(2級)
❶グラスにレーシングの跡がある
❷見た目では判断できない
❸泡と液の間に霧状の小さい泡ができる
❹飲むたびに泡が再生される

A8:❷

きれいなグラスの証「レーシング」

ビールがおいしい状態で飲めたかどうかは、飲んだ後のグラスが示してくれます。グラスの内壁にビールを飲んだ回数分の「レーシング」という泡の輪が残ります。きれいなグラスにきれいな泡のビールが注がれて初めて、きれいなレーシングができあがります。「ビアレース」「ベルジャンレース」「エンジェルリング」とも呼ばれています。

BEER COLUMN

ビアスタイル専用グラスをブルワーと共同開発

ドイツのグラスウェアブランド、シュピゲラウは、2013年以来、ビールのスタイルに合わせたビールグラスを次々と開発。これまで、下記の写真にある5つの専用グラス(クラフトビールグラス シリーズ)を展開。

これらはすべて、それぞれのスタイルを代表するブルワーとともにさまざまなグラス形状でテイスティングを繰り返し、その個性豊かな香りや味わいを最大限に引き出す形状を探し出すプロセス「ワークショップ」を通じて開発されたものです。たとえば、写真の左から2番目のIPA専用グラスは、ドッグフィッシュ・ヘッドのサム・カラジョーネ、シエラネバダのケン・グロスマンとともに開発されたものになります。

シュピゲラウ
「クラフトビールグラス シリーズ」
写真左から、クラフトピルスナー、IPA、バレルエイジドビール、スタウト、アメリカン・ウィート・ビール/ヴィットビアの専用グラス。

BEER COLUMN

グラウラーを持って出かけよう！

グラウラーとは、ビールを持ち運ぶことができる炭酸対応の容器のことです。もともとは米国を中心とした海外のビール醸造所で量り売りをする際に使われてきた容器のことですが、コロナ禍での飲食店のテイクアウト需要の高まりやアウトドアブームなどにより、日本でも注目度がアップしています。

グラウラーは大きく分けてガラス製とステンレス製のものがあります。ステンレス製のものは、機能やデザインなど種類が豊富。保冷性に優れ、注ぎ口（タップ）付きで小型ビールサーバーとして使えるものなども登場するなど、グラウラーがビールの新しい楽しみ方を広げています。

※飲食店のビールのテイクアウト販売（量り売り）には酒類販売業免許が必要となります。

2. 樽生ビールとビールサーバー

居酒屋やレストランなどで飲む生ビールは、家庭で飲むビールよりもおいしいと感じる人が多いでしょう。樽生ビールは飲食店専用のビールであり、ビールサーバー（ディスペンサーともいう）など特殊な機械を使うことで提供されます。

Q9: ビールを持ち運ぶことができる炭酸対応の容器の名称を、次の選択肢より選べ。（2級）
❶グラウラー　❷ケグ
❸カラン　❹クランツ

A9:❶

びんビール、缶ビールと樽生ビールの違い

ビールは、びん、缶、樽といった容器に詰められます。そのうち、一般的にステンレス樽（keg）に詰められたビールを樽生ビール（または樽詰ビール）といいます。同じ銘柄であれば、びんや缶と中身は同じですが、びんや缶のように、栓を開けたらすぐに注ぐことはできず、ビールサーバーや炭酸ガスボンベなどの専用機器類一式を揃えて、設置する必要があります。この専用機器類を使用することによって、同じ銘柄のビールでもびんや缶とは違う樽生

ビールならではのおいしさをつくり出すことができます。

Q10：ケグ（keg）とは一般的に何を意味するか、最も適切なものを次の選択肢より選べ。（3級）
❶ステンレス製の樽
❷樽格納式のビールサーバー
❸ビールの注ぎ口
❹小型のジョッキ

ビールサーバーの仕組み

　樽生ビールを注出するための専用機器の役割は、大きく分けて2つあります。

　1つは樽内のビールを適正な温度に冷やすことです。ビールサーバーでの冷やし方にも大きく分けて2つのタイプがあります。常温の生ビールをサーバー内に通すことによって瞬間的に冷やす瞬間冷却式（瞬冷式）と、樽全体をサーバー内であらかじめ冷やす樽格納式です。

瞬間冷却式		樽格納式
電気冷却式	氷冷却式	空冷式
冷却水	氷 コールドプレート	冷蔵庫

　専用機器の役割の2つ目は、グラスなどに注ぎ出すことです。専用機器を通して注ぎ出すことによってクリーミーできめ細かな泡が形成され、びん・缶ビールにはない味わいがつくり出されます。

　樽生ビールは飲食店専用の製品で、機器類の扱いについては専門の知識を必要とします。ビールサーバーからビールが注出される仕組みは、炭酸ガスボンベ内の炭酸ガスが樽の中のビールをサ

A10：❶

ーバー内に押し出し、カラン（タップ）と呼ばれる注ぎ口からグラス類に注出されます。カランは、「泡づけ機能」という、レバーの操作でビールの液と泡を分けて注出する構造を持っています。

次のイラストは、「瞬間冷却式」ですが、「格納式」も注出される仕組みは同じです。

カラン

カランはオランダ語で鶴を意味するkraan（クラーン）に由来します。ちなみに、車のクレーンも同じく鶴（英語でcrane）からきています。

瞬間冷却式の構造

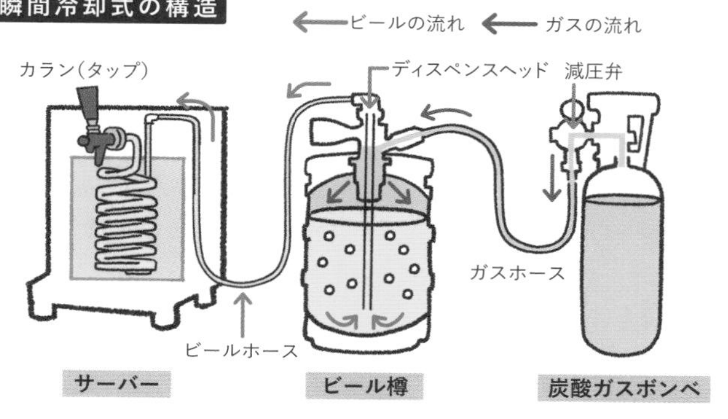

※樽生ビールの注出には「サーバー」「カラン」「ビール樽」「ディスペンスヘッド」「炭酸ガスボンベ」「減圧弁」などの器具を使います

過去問

Q11:泡づけ法で注出した樽生ビールに見られる、ビールと泡の境界に出現する霧状の微細な泡の層の名称を、次の選択肢より選べ。（3級）
❶シュピゲラウ
❷タップ
❸フロスティミスト
❹パウエルクワック

「泡づけ法」による注出

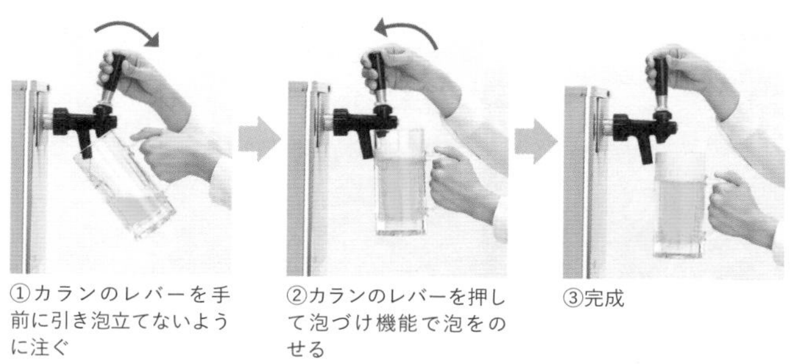

①カランのレバーを手前に引き泡立てないように注ぐ

②カランのレバーを押して泡づけ機能で泡をのせる

③完成

おいしい樽生ビール

樽から注出されたビールがおいしいかどうかは、見た目からもわかります。

一般的なピルスナータイプの樽生ビールならば、ビールの色に

A11:❸

過去問

Q12：樽生ビールの「泡づけ法」について、誤っているものを、次の選択肢より選べ。（2級）
❶カランのレバーを手前に引いて液を出す
❷液と泡を別々に注ぐ
❸炭酸ガスボンベを使用する
❹勢いよくビールを注ぎ泡を立てる

透明感がある、グラスの内壁に気泡がついていない、飲み終わったビールのグラスには「レーシング」と呼ばれるレース状の泡跡が残る、といった条件をすべて満たす必要があります。

また、特に「泡づけ法」で適切に注がれたビールには、「フロスティミスト」ができています。フロスティミストとはビールと泡の間にできる霧状の微細な泡の層のことです。これができていると、飲むたびに泡が再生されていくので、きめ細かで泡持ちが良く、爽快感が持続するビールになります。

一方、適切に注出されなかったビールは、泡が粗くすぐに消え、好ましくないにおいがします。グラスの洗浄がよくない場合は、グラスの内壁に気泡がつき、油分やほこりなどの汚れが落ちていないことがわかります。さらに飲み終わったグラスには、レーシングができず、泡跡もまだら状になります。

おいしいビールを注ぐためには、**日々のビールサーバーのメンテナンスと、グラスの適正な洗浄**が必要です。これらが徹底されているかどうかで、お店の生ビールのおいしさが決まってきます。

■おいしいビールは見た目でわかる！チェックポイント

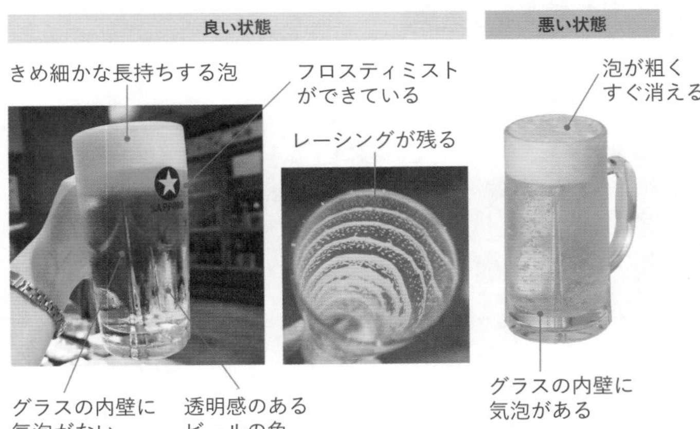

ちなみに、「フロスティミスト」と「レーシング」はサッポロビールが命名した用語ですが、サントリーはこれを「スモーキーバブルス」と「エンジェルリング」と呼んでいます。

A12：❹

BEER COLUMN

進化するケグ

ケグ（Keg）とは、一般的にはステンレス製の樽の総称ですが、このケグの世界も時代に合わせた進化が始まっています。

▲サッポロビールのビール樽（10lと20l）

現在日本で主流のビール樽はステンレス製で、使用後は酒類販売ルートを通じ返却され、繰り返しリユースされる仕組みが確立しています。

▲ワンウェイケグの一例（ドリウム）

一方、近年、欧米を中心にペット素材などのワンウェイケグが登場。これを採用するブルワリーが増えています。ブルワリーとしては、空樽の回収、洗浄、管理等の手間・コストがかからず、店側も、軽量で取り扱いがしやすく、返却の手間がかからないといったメリットがあります。技術の進展によりビールの鮮度を保持する能力も向上するなど、最終的には消費者側にもメリットがあります。日本でもキリンビールがオリジナルディスペンサー、タップ・マルシェ専用の3Lペットボトルを開発していますが、これもワンウェイケグの一種ととらえることができます。

▲タップマルシェ専用3lペットボトル

過去問

Q13：キリンビールが開発した、1台で4種類のクラフトビールが提供できる飲食店用の小型サーバーの名称を、次の選択肢より選べ。（2級）
❶神泡サーバー
❷ホッピンガレージ
❸タップ・マルシェ
❹ドラフターズ

A13：❸

過去問

Q14:樽生ビールの「1度注ぎ法」について、正しいものを、次の選択肢より選べ。(2級)
❶カランの上下作業だけで初心者でも注げる
❷液と泡を別々に注ぐ
❸炭酸ガスボンベを使用しない
❹勢いよくビールを注ぎ泡を立てる

A14:❹

樽生ビールの注出方法

同じ樽生ビールであっても、注出の方法によって味わいが大きく変わります。樽生ビールの注ぎ方はいく通りもありますが、大別すると次の3つに分けられます。

1度注ぎ法

ビールを「注ぎながら泡をつくる」方法です。勢いよく出るビールを、泡を立てながら泡の層がバランス良くできるように注出します。

▲事例:銀座ライオン伝統の「1度注ぎ」

泡づけ機能のあるカランがない時代は、この方法が主流でした。適量の泡ができるように1度で注ぐには熟練の技が必要であり、ビアホールなどの一部では、専用の設備を使い、現在でも伝統的に受け継がれています。

泡を立てながら注出すると、ほどよく炭酸ガスが抜けるため、泡づけ法と比較した場合、ビール中に含まれるガス量は少なくなります。一般に1度注ぎ法はマイルドな仕上がりのビールになります。

泡づけ法

ビールの液と泡を別々に注ぐ方法です。最初はできるだけ泡立てないようにビールの液のみを注ぎ出します。次にカランの泡づけ機能を使用して、泡をつけます。この方法は、きめが細かく長持ちする均一な泡をつくり、見た目にも美しいビールができあがります。この方法で注出すると、フロスティミストができやすくなります。

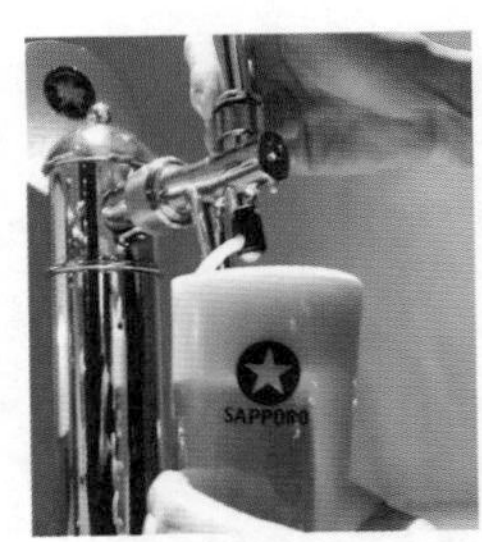

▲事例:「ザ・パーフェクト黒ラベル」は泡づけ法によるクリーミーな泡で提供される

泡づけ法で注がれたビールは、1度注ぎと比較してシャープな仕上がりのビールになります。

3度注ぎ〈複数回注ぎ〉

ビールを意識的に泡立てて注ぎ出し、粗い泡が消えてきたところで2度目のビールを注ぎ、数回に分けて注出する方法です。この注ぎ方を行うとビール中の炭酸ガスがほどよく抜け、香りが立ちやすい温度になります。また、ビールの苦味を感じにくくなります。ただし、泡を落ち着かせてから何度にも分けて注ぐため、1杯を注ぎ出すのに時間がかかります。一般に1度注ぎ法よりさらにマイルドな仕上がりになります。

▲事例：ビアレストラン「キリンシティ」のビールは3回注ぎのふわっと盛り上がった泡で提供される

過去問

Q15: ビアレストラン「キリンシティ」のビールはふわっと盛り上がった泡で提供される。このビールの注出法はどれに該当するか。もっとも適切なものを次の選択肢より選べ。（3級）
❶1度注ぎ法
❷泡づけ法
❸3度注ぎ法
❹インフュージョン法

A15:❸

BEER COLUMN

注ぎ方でこんなに変わる!?

ビールの注ぎ方による味わいの違いが楽しめるビアバーとしては、**広島県の「ビールスタンド重富」**（2012年開業）をはじめ、**東京都内では、東京・新橋の「ブラッセリービアブルヴァード」**（2014年開業）、**東京・中野の「麦酒大学」**（2016年開業）、**東京・銀座の「サッポロ生ビール黒ラベル THE BAR」**（2019年開業）、**神奈川県・大船の「BEER STAND MINATO」**（2020年開業）などがあります。

▲サッポロ生ビール黒ラベルTHE BAR

同じブランドのビールでも、注ぎ方により、泡やのどごし、味わいが大きく変化します。これらの店では、そんなビールの奥深い世界を体感することができます。

Q16:ビールサーバーで、樽詰ビールを注出するために必要なものはどれか、次の選択肢より選べ。(2級)
❶ヘリウムガス
❷炭酸ガス
❸炭酸水
❹酸素

BEER COLUMN

タップの裏側、どうなってるの?

ビアバーに行くとまず目に入ってくるのが、カウンター越しに見えるたくさんのタップ(注ぎ口)とレギュレーター(減圧弁)。壁から均等に並ぶタップの裏側は、一体どうなっているのでしょうか。

▲クラフトマン五反田

実は大型冷蔵庫かプレハブ冷蔵庫になっています。客席からは見ることができないその裏側をのぞいてみると、たくさんの樽(ケグ)と炭酸ガスボンベが並んでいます。空冷式サーバーを大きくした仕組みで、樽詰ビールを安定した温度で保存し、それぞれのビールに合った適正なガス圧でおいしいビールを注出することができるのです。

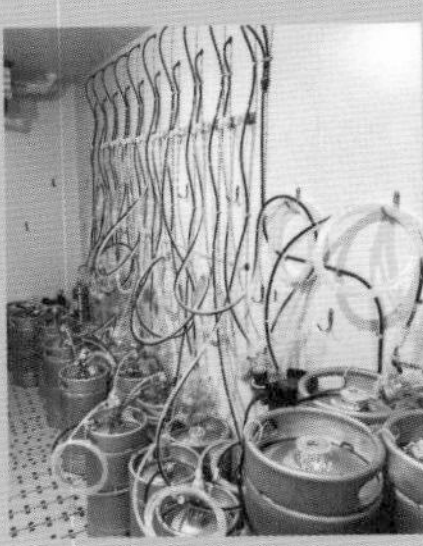
▲タップの裏側(プレハブ冷蔵庫)※上下の写真の店舗は異なります。

このような複数のタップを備えたサーバーシステム構築を担うのが厨房機器メーカーです。「ビールサーバー職人」とも言える日本の厨房機器メーカーのきめ細やかな技術が、国内のクラフトビール文化をつくる一翼を担っています。

A16:❷

3.ビールを楽しむ

ビールをより一層楽しむには、合わせる料理やビールの注ぎ方にも気を配りたいもの。ここでは、ビールと料理の組み合わせのコツや缶ビールの注ぎ方、さらにビールを使ったカクテルまで紹介していきます。

ビールと料理のおいしい3つの関係

ビールはどんな料理にもよく合う飲み物です。とはいうものの、ビールにはピルスナーやペールエールといったさまざまなスタイルがあるため、それらの特徴に合わせて食材や味つけを組み合わせることが、ビールをより楽しむためのポイントになります。アルコールと料理や食材のそれぞれの味をよりおいしく引き立てる組み合わせをペアリングと呼びます。より絶妙な組み合わせの場合は、結婚を意味するマリアージュと呼ぶ場合もあります。

過去問

Q17: 下記の文章の（　）に当てはまる語句を、次の選択肢より選べ。（3級）
【文章】アルコールと料理や食材のそれぞれの味を引き立てる組合せを「ペアリング」と呼びますが、より絶妙な組み合わせのことを（　）と呼ぶ場合もあります。
❶トルネード
❷マリアージュ
❸エンジェルリン
❹ミルコ

ペアリングの3つの基本

❶色で合わせる

まず、わかりやすいのが「**色で合わせる**」こと。これはワインなどにもよく用いられる手法で、「淡い色の料理には淡いビール」「濃い色の料理には濃いビール」といったように、見たままに合わせる方法です。

▲スタウト＋ビーフシチュー

たとえば、同じ鍋料理でも水炊きには淡い色のビールを、すき焼きには濃い色のビールを選びます。**ビールの色は、主に麦芽の色で決まります。**一般的に、色が濃いビールほど焙煎した麦芽の比率が高くなるため、味わいが濃くロースト感のある料理との相性が良くなります。

基本のキ

「色で合わせる」組合せ例
- ベルジャンホワイト＋白身魚のカルパッチョ
- ペールエール＋照り焼きチキン
- スタウト＋ビーフシチュー

A17:❷

基本のキ

「発祥国を合わせる」組合せ（ドイツの例）

- ジャーマン・ピルスナー＋カリーブルスト（カレーソーセージ）
- ヴァイツェン＋ヴァイスブルスト（白ソーセージ）
- ボック＋アイスバイン（豚のすね肉を煮込んだドイツの伝統料理）

基本のキ

「発祥国を合わせる」組合せ（ベルギーの例）

- ベルジャンホワイト＋フリッツ（フライドポテト）
- セゾン＋ムール貝ビール蒸し
- フランダース・レッドエール＋カルボナード・フラマンド（牛肉のビール煮込み）
- ダブル＋チョコレート

基本のキ

「発祥国を合わせる」組合せ（イギリスの例）

- ペールエール＋フィッシュ＆チップス
- ポーター＋ローストビーフ
- スコティッシュエール＋キドニーパイ（もつ煮込パイ）

基本のキ

「発祥国を合わせる」組合せ（アメリカの例）

- アメリカンラガー＋バッファローウィング
- アメリカン・ペールエール＋ハンバーガー
- アメリカンスタイルIPA＋BBQステーキ

❷発祥国を合わせる

「ドイツビールにはドイツ料理」のように、ビールと料理の「発祥国を合わせる」という方法もあります。ビールも料理も、その土地の気候や風土によってキャラクターがつくられてきました。その土地の料理に合うビールが人気となり食文化として定着していったと考えれば、同郷同士の組み合わせが合うのは、理にかなっています。

▲アメリカン・ペールエール＋ハンバーガー

❸味同士の相関関係で合わせる

味の種類には五味（甘味、酸味、塩味、苦味、旨味）があり、それぞれの味にはお互いを引き立て合ったり、抑えたりするはたらきがあります。

抑制効果

●苦味＋甘味

例「コーヒー＋砂糖」で苦味が抑制される。

対比効果

●甘味＋塩味

例「スイカ＋塩」で甘味が強調される。

相乗効果

●旨味＋旨味

例「かつお出汁＋昆布出汁」で旨味が強化される。

❸-1　異なる味わいの組み合わせ

苦味のあるビールには甘い料理を取り入れると味が調和されたり、甘味のあるビールには塩気のある料理を合わせることでその甘さが際立ったりします。

異なる味わいの組合せ例

●酸味＋塩味

例 ビールの酸味が塩味と調和し、清涼感を与える。

（ランビック＋秋刀魚の塩焼き）

●苦味＋甘味

例 ビールの苦味をやわらげ、苦味は甘味に深みを与える。

（スタウト＋バニラアイスクリーム）

●甘味＋塩味

例 ビールの甘味が塩味によって、引き立てられる。

（ポーター＋チーズ）

Q18:「ベルギーホワイトビール」と最も相性が良いと考えられる料理を次の選択肢より選べ。（3級）
❶白身魚のカルパッチョ
❷醤油ダレ焼肉
❸ビーフシチュー
❹チョコレート

❸-2 同じ味わいの組み合わせ

同じ傾向の味同士を組み合わせる「同化」という考え方もあります。ビールと料理が相乗効果を生み、お互いの味を引き立てます。ラオホとスモーク料理などがその一例です。

同じ味わい・香りの組合せ例

●甘味＋甘味

例 甘味が増し、コクが感じられる。

（ペールエール＋肉じゃが）

●酸味＋酸味

例 酸味の相乗効果が、清涼感をもたらす。

（ベルジャンホワイト＋フルーツ）

●苦味＋苦味

例 苦味が重なり、味わいにエッジが生まれる。

（IPA＋ふきのとうの天ぷら）

上記のようにビールと料理のペアリングは非常に多岐に渡ります。いつも飲むビールだからこそ、色々な組み合わせを試して、楽しみながらおいしい組み合わせを発見してみてください。

A18:❶

過去問

Q19:ケルシュの専用グラスの名称は「シュタンゲ」だが、その意味は何か、次の選択肢より選べ。(2級)
❶棒　❷白　❸城　❹泡

過去問

Q20:ケルシュに関する説明で正しいものを、次の選択肢より選べ。(2級)
❶EU域内の醸造所に限り、ケルン協定に入会でき、ケルシュを名乗ることができる
❷高温発酵・低温熟成でつくられる上面発酵ビールである
❷シュタンゲと呼ばれる400mlの円柱形のグラスで飲まれる
❹小麦麦芽を50%以上使用してつくる上面発酵ビールである

BEER COLUMN

ドイツの“わんこビール”

ケルシュは、ドイツ・ケルン地方で伝統的につくられているビールですが、その飲み方が非常にユニークです。

▲クランツ

現地では「シュタンゲ」(ドイツ語で「棒」の意味)と呼ばれる細長い円柱形のグラスで飲みます。容量は200mlとすぐに飲み干せるくらいのサイズ感。

お店では 、シュタンゲを一度にたくさん載せることができる「クランツ」(ドイツ 語で「花輪」の意味)と呼ばれる手提げ型のお盆(日本の「おかもち」のようなもの)で運ばれてきます。

▲終了の合図

ウェイターはこのクランツを持って店内を回り、テーブルで空になったグラスを見つけると、追加オーダーがなくても、片っ端から新しいビール入りグラスと交換していきます。いわば、日本のわんこそば方式。交換のたびにコースターに線が引かれて、それが伝票代わりになります。

「もう飲めない！」という場合は、グラスに蓋をするようにコースターをのせておけば、それ以降は新しいビールが提供されることはありません。

A19:❶

A20:❷

缶ビールがさらにおいしい3度注ぎ

缶やびんの一般的なピルスナービールをおいしく飲むための注ぎ方のポイント。それは「泡をしっかりとつくること」です。泡には、ビールの香り・炭酸ガスの揮散を防ぐなど、蓋の役割があります。さらに、積極的にビールをおいしくする役割もあります。きめ細かい泡には苦味成分が多く含まれるので、ビール自体の苦味が減り、マイルドになります。また、炭酸ガスが適度に抜けるため、のどにピリピリする刺激を抑えられます。

そこでおすすめの注ぎ方が「3度注ぎ」です。ビールを3回に分けてグラスに注ぐ方法で、少々時間がかかりますが、誰でもおいしく注ぐことができます。以下にその手順をご紹介します。

3度注ぎの手順

●1度目

①1度目は高い位置から勢いよく注ぐ

グラスをまっすぐ置き、グラスの底面をめがけてビールを高い位置から勢いよく注ぎます。グラスの7割程度まで泡でいっぱいになったら、いったんストップします。

②泡が落ち着くのを待つ

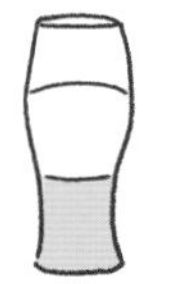

上部の粗い泡が徐々に消え、細かい泡の比率が多くなっていきます。この泡が蓋の役割を果たしてくれるので、根気よく待ちましょう。ビールの液と泡が1対1になったら2度目を注ぎましょう。

●2度目

③2度目はゆっくり注ぐ

缶の口をグラスの縁に近づけ、ビールをあまり泡立てないようにグラスの9割程度まで注ぎ入れましょう。泡の蓋をそのまま持ち上げていくイメージで、ゆっくり注ぎます。

Q21: 缶ビールをおいしく飲むための「3度注ぎ」に関する説明として誤っているものを、次の選択肢より選べ。(3級)

❶グラスは手に持って傾ける
❷1度目は泡がグラスの7割程度になるまで勢いよく注ぐ
❸2度目はグラスの縁に近づけ、泡立てないようにゆっくり注ぐ
❹3度目はグラスの縁より泡が高く盛り上がるように慎重に注ぐ

缶ビールの2度注ぎ

●2度目
グラスをまっすぐ置き、グラスの底面をめがけてビールを勢いよく注ぎます。グラスの半分弱くらいまで泡になったら、いったんストップします。

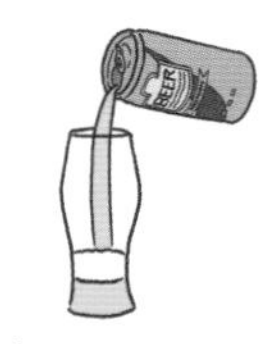

●2度目
グラスを45度に傾け、泡の下にビールをゆっくりと滑りこませます。

徐々にグラスの角度を戻しながら泡を持ちあげるようにゆっくり注ぎます。ビール:泡の比率は7:3が目安。3度注ぎよりも炭酸ガスが残っているので、シャープな仕上がりのビールになります。

A21:❶

ハーフ&ハーフ

淡色ビールと黒ビールを1:1の割合で混ぜ合わせる飲み方。淡色ビールが、黒ビールの強い味わいを抑えてくれるので、飲みやすくなります。淡色ビールと黒ビールを2:1の割合にした、ワンサード(英語で3分の1の意味)という飲み方もあります。

過去問

Q22:スイングカランを使用したビールの注出法はどれに該当するか。最も適切なものを、次の選択肢より選べ。(2級)
❶1度注ぎ法
❷泡づけ法
❸3度注ぎ法
❹デコクション法

過去問

Q23:トマトジュースとビールを混ぜ合わせてつくるカクテルの名称を、次の選択肢より選べ。(3級)
❶ブラディ・メアリー
❷レッドアイ
❸ビアバスター
❹パナシェ

A22:❶

A23:❷

④ 再び泡が落ち着くのを待つ

待つことにより、表面の粗い泡が消え、きめ細かいクリームのような泡になっていきます。泡の量が全体の4割になったら3度目を注ぎます。

● **3度目**

⑤ 仕上げの3度目は慎重に

3度目は、缶をグラスに近づけ、静かにゆっくり泡を持ち上げるように注ぎます。グラスの縁を超えても、泡は1cm以上は盛り上がります。

⑥7:3でできあがり

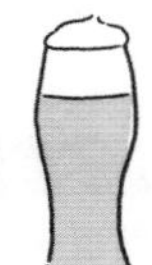

泡の比率がだいたい全体の3割くらいだと、見た目も美しく、おいしく飲むことができます。黄金比率7:3を目指して、挑戦してみてください。

泡を立てない注ぎ方

IPAのようにビールの苦味をしっかりと味わいたいスタイルの場合は、苦味成分を残すため、泡をあまり立てない方がよいでしょう。グラスをしっかり傾け静かに注ぐことで、泡立ちを抑制することができます。そのように注いだビールは、苦味や炭酸感をしっかりと感じることができます。

味わい広がるビアカクテル

たまには気分を変えて、ビールベースの「ビアカクテル」はいかがでしょう。お酒が弱い人やビールの苦味を抑えたい人にもおすすめです。レシピに示された材料の比率はあくまで目安です。自分好みに調整して楽しんでみましょう。

※レシピのビールには、一般的なピルスナーと黒ビールを使用。また、材料の数字は比率です。

●レッドアイ

ビール……1
トマトジュース……1

ビアカクテルの定番。さっぱりとした味わいで、アクセントに塩、こしょう、レモンを加えても。

●シャンディガフ

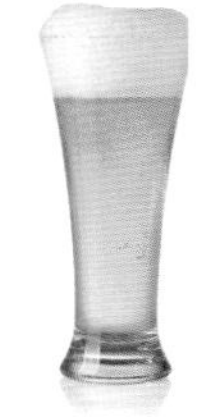

ビール……1
ジンジャーエール……1

生姜の風味が爽やかな定番カクテル。甘口のジンジャーエールの場合はビールの苦味を緩和してくれる。

●ブルービア

ビール……12
チェリーリキュール……1
ブルーキュラソー……1

チェリーとオレンジの風味が爽やか。エメラルドグリーンからのグラデーションが美しい。

●ハイジ

ビール……1
ヨーグルトドリンク……1

ヨーグルトを加えることで、まろやかな味わいに。材料の比率は好みで調整しても。

●ブラックベルベット

黒ビール……1
スパークリングワイン（白）……1

黒ビールの深いコクと、スパークリングワインの酸味＆甘味が良く合う。

知っトク

レッドアイ名前の由来は？

諸説あります。レッドアイは元々は生卵を入れるレシピでした。二日酔いで「目を真っ赤」にした人たちが、症状緩和と栄養補給のために飲んでいたから、というのが通説です。このカクテルを上から見ると生卵の黄身が赤い目玉に見えるから、という説もあります。

知っトク

パナシェとラドラー

どちらもビールをレモネードで割ったカクテルです。パナシェは、フランス生まれのカクテルで、フランス語で「混ぜ合わせた」という意味。ドイツではラドラーと呼ばれます。ドイツ語で「自転車乗り」の意で、サイクリング客に愛好されたことからついた名といわれています。

Q24:ドッグズノーズはビールと何を混ぜ合わせたカクテルか、次の選択肢より選べ。(2級)
❶バーボン
❷ウォッカ
❸ドライジン
❹ブルーキュラソー

過去問

Q25:キリンビールのラベルに描かれている「聖獣」に関して、正しいものを次の選択肢より選べ。(2級)
❶タテガミや尻尾の中に「キ」「リ」「ン」の文字が隠されている
❷胴体の鱗の中に「キ」「リ」「ン」の文字が隠されている
❸タテガミや尻尾の中に「ウ」「マ」「イ」の文字が隠されている
❹胴体の鱗の中に「ウ」「マ」「イ」の文字が隠されている

A24:❸

A25:❶

●エッグビール

ビール……適量

卵黄……1個

グラスに卵黄を入れてつぶし、ビールを注ぐ。苦味が抑えられたマイルドな味わい。

●カシスビア

ビール……6　カシスリキュール……1

●ビアスプリッツァー

ビール……1　白ワイン……1

●ドッグズノーズ

ビール……4〜6　ドライジン……1

●ボイラーメーカー

ビール……4〜6　バーボン……1

●ビアバスター

ビール……4〜6　ウォッカ……1　タバスコ……適量

●ミントビア

ビール……7　グリーンペパーミントリキュール……1

●パナシェ

ビール……7　レモネード(またはレモンスカッシュ)……1

●ディーゼル

ビール……1　コーラ……1

BEER COLUMN

ラベルに隠されているものは？

キリンビールのラベルには、聖獣「麒麟」が描かれています。躍動感あふれる麒麟のイラストをじっくり見てみると、タテガミや尻尾の中に**「キ」「リ」「ン」の文字**を見つけることができます。この隠し文字は昭和初期からありました。当時のデザイナーの遊び心とも、偽造防止のためとも言われていますが、明確な理由は今も謎のままだそうです。

▲キリンラガーのラベル

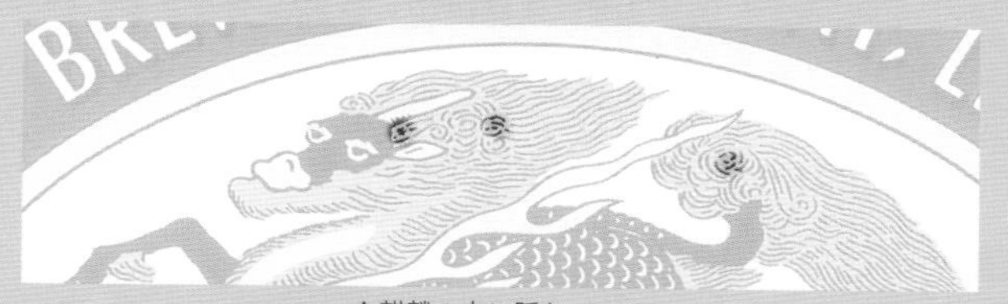
▲麒麟の中に隠れている

他にも秘密が隠されているラベルがあります。

ヱビスビールのラベルには、七福神の一柱で、商売繁盛の神としておなじみの恵比寿様が描かれています。通常、恵比寿様は右手に釣り竿、左手に鯛を持っています。しかし、ヱビスのびんのラベルには数百本に１本の割合で魚籠（びく）の中にも鯛が入っている「ラッキーヱビス」と呼ばれるものが存在します。見つけた人には幸運が訪れるかもしれません。ぜひ、探してみてください。なお、ラッキーヱビスは、ヱビスプレミアムブラック小びんにも存在します。

▲通常ヱビス

▲ラッキーヱビス

▲黒のラッキーヱビス

Chapter 13 アルコールと健康

ビールを楽しむためには、アルコールと健康の関係を知ることが大切です。自分だけではなく、一緒に飲んでいる仲間の状態も見極めながら、適正飲酒を心がけましょう。

1. アルコールについて

楽しいお酒の席では、つい飲みすぎてしまうときがあります。しかし、アルコールを過剰に摂取すると、最悪の場合は死に至るケースもあります。外見に現れる酔いのサインを知り、節度ある飲酒を心がけましょう。

酔いのメカニズム

口から入った**アルコールは、胃と小腸から吸収され肝臓で分解**されますが、すぐに処理できないため、大部分は血液に溶け込んで全身に運ばれます。この**アルコールが脳に運ばれ、脳を麻痺(まひ)させている状態が「酔う」**です。どのくらい酔っているかは、脳内のアルコール濃度によって決まりますが、実際には測れないので血液中または呼気中のアルコール濃度で判定します。

酔いの状態は、アルコール血中（呼気中）濃度によって一般的に6段階に分けられます。初期には、アルコールによって脳の理性をつかさどる部分の活動が低下し、抑制されていた本能や感情をつかさどる部分が活発になって、解放感を覚えたり、陽気になったりします。酔いが進むにつれて、知覚や運動能力が鈍り、記憶が困難になります。麻痺が脳全体に行き渡ると呼吸困難など、最悪の場合は死に至る危険性があります。

楽しく飲酒できるのは「ほろ酔い期」までです。お酒の席ではアルコール血中（呼気中）濃度を測ることは難しいので、外見に現れる酔いの状態を知っておくことが重要です。

過去問

Q1: 次の文章の（A）に当てはまる語句を、次の選択肢より選べ。（3級）
【文章】アルコールが（A）に運ばれて（A）を麻痺させている状態が「酔う」です。
❶脳　❷肝臓
❸小腸　❹胃

A1: ❶

アルコールの処理能力は人それぞれ

肝臓で分解される**アルコールの分解能力には個人差**があります。

一般的に、体重60～70kgの男性で1時間に約5～9gのアルコールを処理できるといわれています。アルコール度5%のビールの中びん（500ml）1本には約20gのアルコールが含まれているので、これを処理するには2.5～4時間程度かかることになります。

また、**女性は男性よりお酒の影響を受けやすい**といわれています。一般的に女性のほうが男性よりも体重が軽く、アルコール処理能力が小さいこと、また男性と比べると体に占める水分の割合が少なく、男性より血液中のアルコール濃度が上昇しやすいことなどが理由だといわれています。

Q2:アルコール健康医学協会が定めた酔いの段階で、「千鳥足になる」「何度も同じことをしゃべる」「呼吸が速くなる」状態は何か、次の選択肢より選べ。（2級）
❶爽快期　❷ほろ酔い期
❸酩酊期　❹泥酔期

■アルコール血中濃度と酔いの状態

	上段:アルコール血中濃度(%) 下段:アルコール呼気中濃度(mg/L)	酒量	酔いの状態
爽快期	0.02～0.04 0.10～0.20	ビール（中びん～1本） 日本酒（～1合） ウイスキー（シングル～2杯）	爽やかな気分になる／皮膚が赤くなる／陽気になる／判断力が少し鈍る
ほろ酔い期	0.05～0.10 0.25～0.50	ビール（中びん1～2本） 日本酒（1～2合） ウイスキー（シングル3杯）	ほろ酔い気分になる／手の動きが活発になる／抑制がとれる（理性が失われる）／体温が上がる／脈が速くなる
酩酊初期	0.11～0.15 0.55～0.75	ビール（中びん3本） 日本酒（3合） ウイスキー（ダブル3杯）	気が大きくなる／大声でがなりたてる／怒りっぽくなる／立てばふらつく
酩酊期	0.16～0.30 0.80～1.50	ビール（中びん4～6本） 日本酒（4～6合） ウイスキー（ダブル5杯）	千鳥足になる／何度も同じことをしゃべる／呼吸が速くなる／吐き気･おう吐が起こる
泥酔期	0.31～0.40 1.55～2.00	ビール（中びん7～10本） 日本酒（7合～1升） ウイスキー（ボトル1本）	まともに立てない／意識がはっきりしない／言語がめちゃめちゃになる
昏睡期	0.41～0.50 2.05～2.50	ビール（中びん10本超） 日本酒（1升超） ウイスキー（ボトル1本超）	ゆり動かしても起きない／大小便はたれ流しになる／呼吸はゆっくりと深い／死亡

出典：公益社団法人アルコール健康医学協会「お酒と健康を考える」より

アルコールの分解について

アルコールは、約2割が胃から、残りの約8割は小腸から吸収されます。吸収されたアルコールは血液によって全身へ拡散され

A2:❸

Q3: 口から入ったアルコールが最も多く吸収される臓器はどこか、次の選択肢より選べ。（3級）
❶胃　❷肝臓
❸小腸　❹大腸

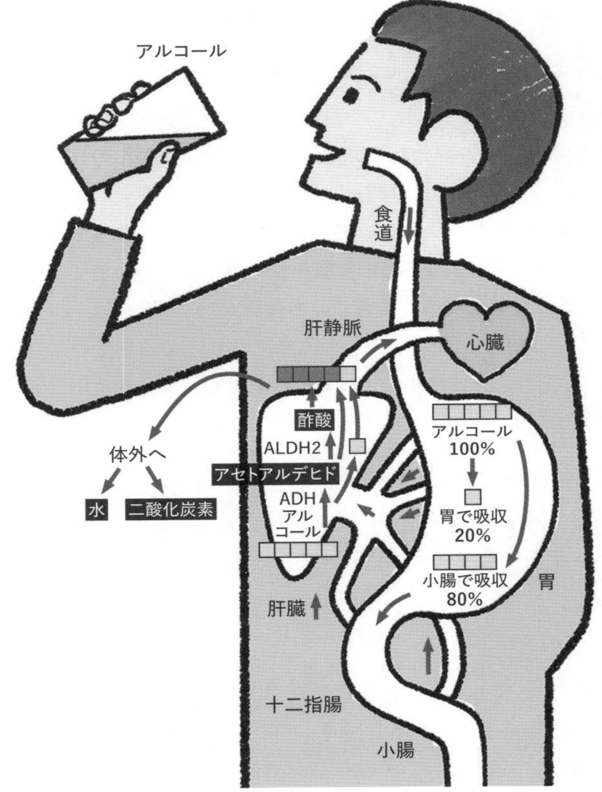

た後、肝臓に運ばれます。**肝臓ではアルコールの約9割が分解**されます。このとき、アルコールはアルコール脱水素酵素（ADH）などの働きによって、アセトアルデヒドに変換されます。その後、アルデヒド脱水素酵素2型（ALDH2）の働きによって酢酸に変換されます。酢酸は、全身を巡るうちに水と二酸化炭素に分解され、体外に排出されます。

肝臓で分解されなかったアルコールは、肝静脈を通って心臓に送られ全身を巡り、再び肝臓に戻って分解されます。しかしながら、アルコールのうち約10%は分解されないままに、汗や尿、呼気となって体の外に出ていきます。これが、息や体臭がお酒くさくなる原因です。

A3: ❸

お酒が弱い日本人

アルコールによって生成されるアセトアルデヒドは、お酒を飲んだときの「顔が赤くなる」「頭痛がする」「動悸がする」「吐き気がする」などといった不快な症状を引き起こす物質です。

このアセトアルデヒドを分解するアルデヒド脱水素酵素２型（ALDH2）には３つの型があり、アセトアルデヒドの代謝速度が速い「活性型」、代謝速度が遅い「低活性型」、活性がまったくない「非活性型」にわかれます。「お酒に強い体質」とは、ALDH2の働きが強い活性型を持つ人のことをいいます。

日本人の約４割はALDH2の働きが弱い低活性型、または、活性がまったくない非活性型です。ALDH2の働きの程度は、遺伝によって親から子へと受け継がれます。世界的に見ると、低・非活性型はモンゴロイド（黄色人種）にのみ見られる特徴であり、中でも中国南部と日本に多く出現します。コーカソイド（白色人種）やネグロイド（黒色人種）には、低・非活性型はいないのです。**欧米人に比べて日本人がお酒に弱い**といわれるのは、このことが関係しています。

Q4: お酒を飲んだときの「顔が赤くなる」「頭痛がする」「動悸がする」「吐き気がする」などといった不快な症状を引き起こす物質を、次の選択肢より選べ。（３級）
❶アセトアルデヒド
❷酢酸
❸二酸化炭素
❹プリン体

過去問

Q5: 日本人の何割が、ALDH2の働きが弱い「非活性型」に分類されるか。最も適切なものを、次の選択肢より選べ。（３級）
❶約2割　❷約4割
❸約6割　❹約8割

飲酒の効用

食欲の増進

少量の飲酒は胃の蠕動運動を刺激し、空腹感を呼び起こして食欲を増進させます。

血行の促進

少量の飲酒は血管を拡張して血行を促進します。体の冷えが取れ、疲労回復にもつながります。

コミュニケーションの 促進、ストレスの緩和

アルコールを摂取すると大脳皮質の抑制が解放され、会話が弾むようになります。特にビールの香りにはリラックス効果もあります。

A4:❶

A5:❷

2.正しいお酒の飲み方

適量のお酒は、人とのコミュニケーションを円滑にする効果があります。楽しく健康的に過ごすためにも、お酒との正しい付き合い方を知っておきましょう。

適正飲酒

おいしいビールを楽しく飲んで健康に過ごすには「正しいお酒の飲み方」、すなわち適正飲酒の実践が重要です。公益社団法人アルコール健康医学協会では、お酒の適正な飲み方・マナーなどを「適正飲酒の10か条」として標語にまとめています。

①談笑し 楽しく飲むのが基本です
②食べながら 適量範囲でゆっくりと
③強い酒 薄めて飲むのがオススメです
④つくろうよ 週に二日は休肝日
⑤やめようよ きりなく長い飲み続け
⑥許さない 他人(ひと)への無理強い・イッキ飲み
⑦アルコール 薬と一緒は危険です
⑧飲まないで 妊娠中と授乳期は
⑨飲酒後の運動・入浴 要注意
⑩肝臓など 定期検査を忘れずに

純アルコール量の計算

2024年から厚生労働省が推進する国民健康づくり運動「健康日本 21(第三次)」では、生活習慣病リスクが高まるとされる純アルコール量「1日当たり男性40g以上、女性20g以上」を飲む人を減らすことを目標にしています。なお、お酒に弱い人、女性や高齢者であれば、この基準よりも少なめを適量と考えるべきでしょう。

また、厚生労働省は初の指針「健康に配慮した飲酒に関するガイドライン(飲酒ガイドライン)」を正式決定し、2024年2月に公

過去問

Q6:アルコール健康医学協会がまとめた「適正飲酒の10か条」の1つとして実際にある標語を、次の選択肢より選べ。(3級)
❶ほろ酔いで 止めれば明日も また飲める
❷お酌して アルハラだぞと叱られる
❸強い酒 薄めて飲むのがオススメです
❹食前酒 寝ていた胃腸も目を覚ます

A6:❸

表しました。摂取する純アルコール量を把握することと、年齢、性別、体質（アルコール代謝タイプ）の違いによる身体等への影響度合いを理解することが重要であるとし、「自分に合った飲酒量を決めて、健康に配慮した飲酒を心がけることが大切」と啓発しています。

ビール500ml、アルコール度数５％の純アルコール量の計算式は、下記になります。

容量		度数（%／100）		比重		純アルコール量
500ml	×	0.05	×	0.8	＝	20g

なお、大手酒類メーカー各社では、純アルコール量を缶容器や自社のWebサイトで開示する自主的な取り組みを行っています。

■純アルコール約20gに相当する酒量　※(　)内はアルコール度数

ビール（5度）
ロング缶1本（500ml）

日本酒（15度）
1合（180ml）

ウイスキー（43度）
ダブル1杯（60ml）

焼酎（25度）
0.6合（約110ml）

ワイン（14度）
1/4本（約180ml）

缶チューハイ（5度）
1.5缶（約520ml）

飲酒の注意点

20歳未満の者に飲酒させない

20歳未満の者の飲酒は脳や臓器の発達に影響を与え、多量飲

過去問

Q7: アルコール分５％の500ml入り缶ビールの純アルコール量を、次の選択肢より選べ。（３級）
❶10ｇ　❷20ｇ
❸25ｇ　❹30ｇ

基本のキ

イッキ飲みは絶対にやめよう
イッキ飲みをして、急激かつ大量にお酒を飲むと、血中アルコール濃度は急速に高まります。体や脳が「これ以上飲むと危険」という信号を発する機会のないままに、一気に脳が麻痺してしまい、ひどい場合は昏睡状態や死に至る危険が出てきます。これが急性アルコール中毒です。宴席などで、イッキ飲みをすること、させるような雰囲気をつくることは、絶対にやめましょう。

A7:❷

過去問

Q8:「食べながら 適量範囲でゆっくりと」「やめようよきりなく長い飲み続け」「飲まないで 妊娠中と授乳期は」。これらの標語は公益社団法人アルコール健康医学協会が「○○飲酒の10か条」としてまとめたものの一部である。この○○に入る文言を、次の選択肢より選べ。（3級）
❶適正　❷適当
❸健康　❹健全

知っトク

フラッシング反応

ビールコップ1杯程度の少量の飲酒で起きる、顔面紅潮・吐き気・動悸・眠気・頭痛などの反応をフラッシング反応といい、この体質の人をフラッシャーと呼びます。フラッシャーの多くはアルデヒド脱水素酵素2型(ALDH2)の働きが弱い人です。アセトアルデヒドの分解が遅いため、アセトアルデヒドが急激に体にたまることが主な原因となってフラッシング反応を起こします。

A8:❶

酒や健康阻害のリスクを高める危険行為です。20歳未満の者の飲酒禁止と、親権者、監督者、酒類を販売・提供した営業者による20歳未満の者への飲酒防止が「二十歳未満ノ者ノ飲酒ノ禁止ニ関スル法律」で規定されています。

飲酒運転をしない（道路交通法）

飲酒は注意力、判断力を低下させるので、飲酒運転は重大事故につながる危険性の高い絶対に許されない行為です。また、多量飲酒の翌朝は酔いが続いている場合もあります。

酒気帯び運転とされるアルコール濃度の基準値は、呼気（息の吐き出し時）1リットルあたり0.15mgです。一方で、酒酔い運転とは、呼気アルコール濃度にかかわらず、歩行ができない、ろれつが回らないなど、客観的に見て酔っている状態での運転をいいます。多量飲酒の翌朝はアルコールが体内に残っている場合もありますので、注意が必要です。運転者だけではなく、お酒を飲んだことを知りつつ車両を提供した人、同乗した人にも、罰則が定められています。なお、道路交通法では自動車だけではなく自転車でも飲酒運転を禁止しています。

宴会などで飲酒を強要しない

人によってアルコール代謝能力には差があります。一般的に女性や高齢者は代謝能力が低いので配慮が必要です。アルコール・ハラスメント（アルハラ）とは、「飲酒の強要」「イッキ飲ませ」「酔い潰し」「飲めない人への配慮を欠くこと」「酔ってからむこと」など、お酒の席での嫌がらせ、迷惑行為をいいます。

特にイッキ飲みは、急性アルコール中毒や、最悪の場合には死を招くこともある危険な行為であるとともに、相手を傷つける人権侵害行為です。イッキ飲みを強要した人は、刑法上の犯罪として処罰されることがあります。

飲みすぎに注意する

大量の飲酒を続ける生活習慣は、アルコール依存症や、さまざまな生活習慣病を引き起こします。長期間にわたって大量の飲酒を続けていると、しだいにお酒を飲まずにはいられない状態になります。これが、アルコール依存症です。

妊娠中・授乳期は飲酒しない

アルコールには**胎児・乳児の脳や体の発育に影響を及ぼす危険性**があります。妊娠期にはお母さんの胎盤を通して胎児に、授乳期は母乳を通して赤ちゃんにアルコールが運ばれるからです。

Q9: 道路交通法上「酒気帯び運転」とされる呼気1リットルあたりのアルコール濃度は何mg以上か、次の選択肢より選べ。（2級）
❶0.015mg ❷0.15mg
❸1.5mg ❹15.0mg

A9:❷

BEER COLUMN

つなぐ「お通し」と「チェイサー」

空腹のときにお酒を飲むと、酔いが早くまわります。これは、アルコールが胃で吸収されることに関係があります。お酒を飲む前に胃に食べ物を入れることで、胃の粘膜の上に層をつくり、**アルコールの吸収を遅らせます**。胃を荒らさないことにも効果があり、お酒のペースを抑えることもできます。このことから、料理の最初に出てくる「お通し」（関西では主に「突き出し」という）には、重要な役割があることがわかります。

また、悪酔いを防ぐためには、水を十分に補給しながら飲むことも効果的です。アルコール度数が高いウィスキーや焼酎などを、ストレートで飲んだ時に追いかけて飲む水をチェイサー（「追いかけるもの、追跡者」の意）といいます。日本酒の世界では「和らぎ水」と呼ばれます。味覚をリセットするという役割もありますが、**血中アルコール濃度が上昇するのを抑え**、胃や肝臓への負担も和らげる役割を持っています。さらに、アルコールには利尿作用があるため飲酒時は脱水症状を起こしやすくなりますが、水分をたっぷり補給することでそれを防ぐこともできます。このチェイサーの考え方を応用し、ビールを飲む際には「最初にお水を一杯飲む」ということも、飲食時の工夫の１つです。

過去問

Q10：二日酔いの対処法として、正しいものを、次の選択肢より選べ。（3級）
❶糖分補給　❷軽い運動
❸サウナ　❹迎え酒

二日酔いになったら

お酒を飲んだ翌朝に不快な気分に襲われるのが、二日酔いです。原因はアルコールやアセトアルデヒドが分解されずに体内に残っているからです。頭痛、胸やけ、吐き気、胃痛といった症状が現れます。

二日酔いの原因は飲みすぎです。まずは自分の適量を守るように気をつけましょう。また、空腹でお酒を飲まない、強いお酒を飲むときはチェイサーを飲むなども、二日酔い予防に有効であるといわれています。以下は、二日酔いになってしまったときの対処方法です。

過去問

Q11：1981年に、「お酒を飲み過ぎる人やまったく飲まない人よりも、適度にお酒を飲んでいる人のほうが死亡率が低い」という研究結果を発表した人物の名前を、次の選択肢より選べ。（3級）
❶モンデカ
❷ミッケラー
❸マーモット
❹モレッティ

水分の補給

体内の水分が失われた状態になっているので、水分を多くとりましょう。スポーツドリンクは体内に吸収されやすいため好ましいといわれています。

胃腸薬を飲む

胃腸が荒れて胃痛や吐き気を催す場合には、胃腸薬も有効です。

糖分やビタミンCの補給

アセトアルデヒドの分解に役立つ糖分やビタミンCを含む柑橘類などの果物を食べるのも良いでしょう。

安静にする

代謝に必要な血液を肝臓に集めておくためにも、安静を心がけましょう。入浴や運動は逆効果です。

また、二日酔いでは絶対に運転はしないでください。呼気中のアルコール濃度が0.15mg／リットル以上なら、「酒気帯び運転」になりますし、それ未満でも「酒酔い運転」となる場合があります。

A10：❶

A11：❸

BEER COLUMN

Jカーブ効果

1981年に、イギリスのマーモットが「お酒を飲みすぎる人やまったく飲まない人よりも、適度にお酒を飲んでいる人のほうが死亡率が低い」という研究結果を発表しました。このマーモットの研究結果は、後に多くの研究者によって検証されました。今では、この現象は一般的に「Jカーブ効果」と呼ばれています。これは、1日の飲酒量と死亡率の関係をグラフに描くと「J」の形になることに由来します。このようなカーブを描くのは、アルコールが血液中の、いわゆる善玉コレステロールを増やすことにより、動脈硬化を防ぐ効果があるからだといわれています。なお、あくまでも「適度な飲酒」が重要であり、適量はその人の体質、年齢、健康状態によって異なるものであるということを忘れてはなりません。最新の研究では、Jカーブの存在自体に疑問を投げかけるものもあります。

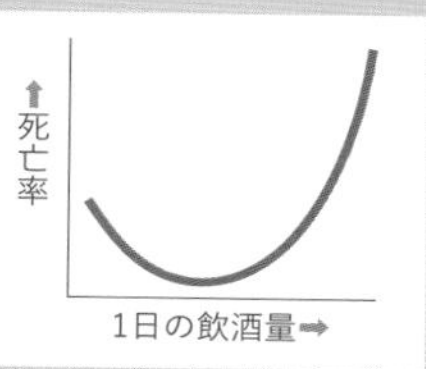

▲飲酒のJカーブ効果

BEER COLUMN

二日酔いでサウナは危険

二日酔いでサウナはNGです。汗をかいても、アルコールやアセトアルデヒドは分解されず、さらに**脱水症状を促進**させてしまうので、むしろ危険です。サウナで二日酔いは整いませんので、気を付けましょう。

体内でアルコールが分解されるまでには時間がかかります。十分な睡眠と水分をとりましょう。また、アセトアルデヒドの分解に役立つ糖分やビタミンCを含んだ果物などを食べるもオススメです。

ビール350ml缶のカロリーは白ご飯1膳のカロリーより少ない

白ご飯１膳（150g）のカロリー は234kcal※です。一方、サッポロ生ビール黒ラベル350ml缶１本あたりのカロリーは140kcal。ご飯１膳の６割程度のカロリーになります。
※「日本食品標準成分表（八訂2020年版）」より

ナイトキャップ

寝酒はナイト・キャップともいわれ、睡眠薬代わりに使われることがありますが、むしろ眠りが浅くなって夜中に目を覚ましたり、翌朝早くに目が覚めてしまうなど、睡眠の質が落ちることがわかっています。お酒は、寝る前ではなく夕食時（眠りにつく３時間前までに飲み終えることが望ましい）に、食事といっしょに楽しむのがよいでしょう。

BEER COLUMN

飲酒習慣のセルフチェック

AUDIT(The Alcohol Use Disorders Identification Test)は、ＷＨＯ（世界保健機関）の調査研究により作成された、**アルコール依存症のスクリーニング（分類）テスト**です。自分の飲酒習慣が適切かどうか試すことができます。

以下の1から10までの質問で、最も近い回答を選び、その番号を記入してください。回答が終わったら、10問の合計点を最後の欄に記入してください。

❶あなたはアルコール含有飲料をどのくらいの頻度で飲みますか？

0 飲まない
1 １か月に１度以下　2 １か月に２～４度
3 １週間に２～３度　4 １週間に４度以上

❷飲酒するときは通常、純アルコール換算でどのくらいの量を飲みますか？
ビール中びん1本（500ml）＝20g、日本酒1合（180ml）＝22g、ウイスキーダブル（60ml）＝20g、焼酎（25度）1合（180ml）＝36g、ワイン1杯（120ml）＝12g

0 10～20g　1 30～40g　2 50～60g
3 70～90g　4 100g以上
※純アルコール量が選択肢に当てはまらない場合は、近いものを選んでください。

❸1度に純アルコール換算で60g以上飲酒することがどのくらいの頻度でありますか？

0 ない
1 1か月に1度未満　2 1か月に1度
3 1週間に1度　4 毎日あるいはほとんど毎日

❹過去1年間に、飲み始めると止められなかったことがどのくらいの頻度でありましたか？

0 ない
1 1か月に1度未満　2 1か月に1度
3 1週間に1度　4 毎日あるいはほとんど毎日

❺過去1年間に、普通だと行えることを飲酒していたためにできなかったことが、どのくらいの頻度でありましたか？

0 ない
1 1か月に1度未満　2 1か月に1度
3 1週間に1度　4 毎日あるいはほとんど毎日

※お酒を飲んだため車で外出できなかった等も含む。

❻過去1年間に、深酒の後、体調を整えるために、朝の迎え酒をせねばならなかったことが、どのくらいの頻度でありましたか？

0 ない
1 1か月に1度未満　2 1か月に1度
3 1週間に1度　4 毎日あるいはほとんど毎日

❼過去1年間に、飲酒後、罪悪感や自責の念にかられたことが、どのくらいの頻度でありましたか？

0 ない
1 1か月に1度未満　2 1か月に1度
3 1週間に1度　4 毎日あるいはほとんど毎日

❽過去1年間に、飲酒のため前夜の出来事を思い出せなかったことが、どのくらいの頻度でありましたか？

0 ない
1 1か月に1度未満　2 1か月に1度
3 1週間に1度　4 毎日あるいはほとんど毎日

Q12:アルコール依存症のスクリーニングテスト名称を、次の選択肢より選べ。（３級）
❶AUDIT　❷AUDIL
❸TADIT　❹TADIL

休肝日

適量とはいえ、毎日飲むことは肝臓に負担をかけてしまいます。週に２日はお酒を飲まない日を設けて、肝臓を休ませるようにしたいものです。しかし、休ませたからといって、ほかの日に多量飲酒をしてしまっては元も子もありません。普段から適量の飲酒を心がけましょう。

A12:❶

過去問

Q13:アルコール依存症をセルフチェックできる「AUDIT」というテストについて、正しいものを、次の選択肢より選べ。（2級）
❶全米医師会の調査研究に基づいている
❷質問に回答して、正解の数によって診断される
❸過去１年間の「迎え酒」の体験の頻度を問う設問がある
❹飲酒のせいで犯罪を犯した体験の有無を問う設問がある

知っトク

「ちゃんぽん」は悪酔いする？

一回のお酒の席で、いろいろな種類のお酒を飲むことを「ちゃんぽん」といいます。「ちゃんぽんは悪酔いしやすい」といわれますがなぜでしょうか。それは、いろいろな味を楽しむうちに、どのくらい飲んだのかがわかりにくくなり、つい飲み過ぎてしまうことが原因と考えられます。複数の種類のお酒を飲むこと自体が悪いのではありません。

A13:❸

❾飲酒のために、あなた自身がけがをしたり、あるいは他の誰かにけがを負わせたことがありますか？

0 ない　2 あるが、過去1年間はなし
4 過去1年間にあり

❿肉親や親戚、友人、医師、あるいは他の健康管理に携わる人が、あなたの飲酒について心配したり、飲酒量を減らすように勧めたりしたことがありますか？

0 ない　2 あるが、過去1年間はなし
4 過去1年間にあり

下記の判定表で合計点が当てはまるゾーンを確認し、飲酒習慣を見直してみてください。

合計　　点

20点以上
アルコール依存症疑い群
アルコール依存症の疑いがあります。専門医療機関に受診することをお勧めします。

8~19点
危険な飲酒群
注意が必要なお酒の飲み方です。飲酒習慣を見直して、節度のある適度な飲酒を心がけましょう。

1~7点 **危険の少ない飲酒群**
0点 **非飲酒群**
引き続き、健康的にお酒を飲みましょう。

BRIEF INTERVENTION : WHO Department of Mental Health and Substance Dependence より引用

このほかにも、新久里浜式アルコール症スクリーニングテスト（新KAST）があります。質問項目や判定方法が男性版・女性版にわかれており、アルコール依存症の判別精度がより高いことが示されています。

BEER COLUMN

ビールのカロリー

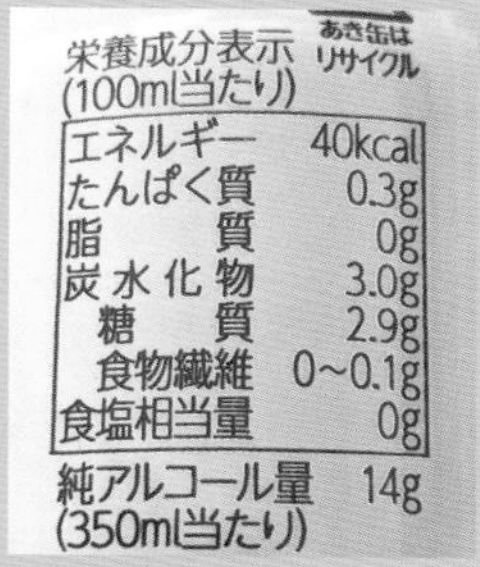

栄養成分表示（100ml当たり） あき缶はリサイクル

エネルギー	40kcal
たんぱく質	0.3g
脂質	0g
炭水化物	3.0g
糖質	2.9g
食物繊維	0~0.1g
食塩相当量	0g

純アルコール量（350ml当たり） 14g

▲缶の栄養成分表示（サッポロ生ビール黒ラベル350ml缶）

アルコール飲料に含まれるアルコール1gには7.1kcalのエネルギーがあります。またビールなど醸造酒のほとんどには糖質も含まれます 。アルコール分5 %のビールや発泡酒のカロリーは、一般的に**100mlあたり40～45kcal**程度ですので、アルコールのカロリーが約28kcal、それ以外（ほとんどが糖質）のカロリーが12～17kcalということになります。

アルコールのカロリーは、食物のカロリーより先に血行促進や体温を上げる熱として分解されるため、体に蓄えられにくいエネルギーといわれています。しかしそのため、アルコール飲料に含まれている糖質と食物のエネルギーの消費が後回しにされ、過度に飲酒をすると、アルコール飲料の糖質と食物のカロリーがいつも以上に体内に残ってしまいます。

加えて、**お酒は食欲を促進**させます。特にビールを飲むと胃液の分泌が活発になり食欲が増進するため、つい食べすぎてしまいます。ビールをおいしくヘルシーに飲むためには、一緒に食べるものを工夫することが大切です。たとえば、アルコールを分解する肝臓は、タンパク質を必要とするため「高タンパク、低カロリーの食品（鶏の胸肉など）」は適当なおつまみです。また、アルコール飲用時は、ミネラルやビタミンが失われやすいことから植物性食品を多く摂ることを心がけましょう。飲んだ後にお勧めなのが果物で、そこに含まれる果糖にはアルコール分解を助ける効果があります。

飲みすぎやカロリー過多が気になるときは、ノンアルコール、カロリーオフ、糖質オフ、低プリン体などの製品を上手に取り入れるのもよいでしょう。しかし、適正飲酒に勝る健康法はありません。飲みすぎ食べすぎを控え、適度に健康的に飲酒を楽しんでください。

索引［アルファベット～オ］

索引［オ～サ］

ケ

コ

サ

索引[サ〜チ]

セ

ソ

タ

チ

索引［チ～ヒ］

ハ

ヒ

索引[ヒ〜メ]

索引[メ～ヱ]

主な参考文献

吉田重厚『英独和ビール用語辞典』財団法人日本醸造協会
『日刊醸造速報』醸造産業新聞社
キリンビール株式会社『図説ビール』河出書房新社
サッポロビール広報部社史編纂室『サッポロビール120年史』サッポロビール
野田幾子・監修『ビールのペアリングがよくわかる本』シンコーミュージック
長谷川小二郎・発行『ビールの放課後』(第2号 2023年7月)
Martyn Cornell『Amber, Gold and Black: The History of Britain's Great Beers』
ビール酒造組合　https://brewers.or.jp/
Brewers Association　https://www.brewersassociation.org/
クラフトビアアソシエーション(日本地ビール協会)
https://beertaster.org/index.html
きた産業株式会社　https://kitasangyo.com/
たのしいお酒.jp　https://tanoshiiosake.jp/
キリンホールディングス株式会社　https://www.kirin.co.jp/
サッポロビール株式会社　https://www.sapporobeer.jp/

執筆協力　一般財団法人 日本ベルギービール・プロフェッショナル協会

著者紹介

一般社団法人 日本ビール文化研究会

一般社団法人 日本ビール文化研究会は、日本のビール文化を発展・普及させることを目的に2012年1月設立。ビア検(日本ビール検定)を主催。ビア検は３～１級に分かれ、ビールを幅広く知りたい方から、より専門的に勉強したい方までチャレンジできる。

編集主幹:山根 一洋

1963年生まれ。サッポロビール株式会社でヱビスビールのブランドマネージャーなど主にマーケティング部門を歴任。ラッキーヱビスの生みの親。現在は一般社団法人日本ビール文化研究会で、ビア検の企画・編集主幹、ビールセミナー講師を務める。

装丁・本文デザイン　金井久幸（TwoThree）
装丁・本文イラスト　山内庸資
本文イラスト　福原やよい
DTP　TwoThree

写真協力
AB InBev Japan（合）／RSN Japan（株）／（株）Y.Y.G BREWING COMPANY／アイコンユーロパブ（株）／秋田ノーザンハピネッツ（株）／アサヒグループジャパン（株）／（株）ウィスク・イー／エービーインベブ社／エチゴビール（株）／オリオンビール（株）／（株）木屋 ベルギービールJapan／キリンホールディングス（株）／キリンシティ（株）／グリーンエージェント（株）／小西酒造（株）／（株）ザート・トレーディング／サッポロビール（株）／（株）サッポロライオン ／サントリーホールディングス（株）／塩見なゆ／昭和貿易（株）／（株）ステディワークス／大榮産業（株）／宝ホールディングス（株）／（株）ナガノトレーディング／（株）ナランハ／（株）ニットク／日本ビール（株）／パナソニック（株）／ビール文化研究所（bieereise.net）／（株）プロダクトオブタイム／（株）廣島／ベアレン醸造所／ホシザキ（株）／三田市文化スポーツ課／（株）ヤッホーブルーイング
iSTOCK ／ mythja、bonchan、ANGHI、Wirestock、Bjoern Wylezich、puhhha、ThePassenger、shironosov、eldadcarin、aero-pictures.de、Branislav、bangkok、nkeskin、Anzel、Shane808、scena15、filmfoto、LIVINUS、industryview、susipangrib、purefocus、Edu Borja、MilenaKatzer、Sparveriuspict、Dejan_Dundjerski、bizoo_n、AndreyPopov、bobakphoto、EzumeImages、Sebastian Fahrni
Getty Images／Heritage Images
DNPアートコミュニケーションズ／エドアール・マネ『カフェコンセールの片隅』ロンドン・ナショナル・ギャラリー所蔵）
Shutterstock／Mohammed_Ibrahim7、Altrendo Images
Snapmart／tfuru

知って広がるビールの世界
日本ビール検定公式テキスト（2024年4月改訂版）

2024年4月22日　初版　第1刷 発行

著者　一般社団法人日本ビール文化研究会
発行人　佐々木幹夫
発行所　株式会社翔泳社（https://www.shoeisha.co.jp）
印刷・製本　株式会社シナノ

ISBN978-4-7981-8296-4
Printed in Japan